INTERROGATIONS

DE PHYSIQUE

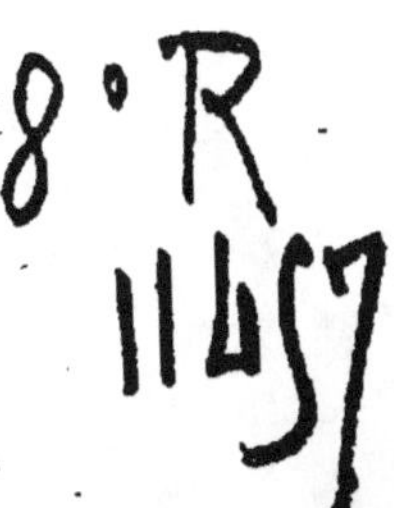

DU MÊME AUTEUR

Interrogations de chimie (programme de la classe de mathématiques élémentaires, de la première (sciences) de l'enseignement secondaire moderne et de la classe de philosophie); 1 vol. in-18 raisin, accompagné de problèmes, broché.. » ».

3300-92. — CORBEIL. Imprimerie CRÉTÉ.

INTERROGATIONS

DE PHYSIQUE

A L'USAGE

des élèves de la classe de mathématiques élémentaires,
des candidats
à l'École spéciale militaire de Saint-Cyr
et des candidats aux baccalauréats classique et moderne

PAR

A. BLEUNARD

DOCTEUR ÈS SCIENCES
PROFESSEUR AU LYCÉE D'ANGERS

QUESTIONS ET RÉPONSES
PROBLÈMES ET SOLUTIONS

PARIS

LIBRAIRIE CLASSIQUE PAUL DELAPLANE

48, RUE MONSIEUR-LE-PRINCE, 48

Du même auteur : Interrogations de chimie (Programme de la classe de mathématiques élémentaires). 1 vol. in-18 raisin, broché..........

CLASSE DE MATHÉMATIQUES ÉLÉMENTAIRES

(*Programme du 24 Janvier 1891*)

INTERROGATIONS
DE PHYSIQUE

A L'USAGE

des élèves de la classe de mathématiques élémentaires
des candidats
à l'École spéciale militaire de Saint-Cyr
et des candidats aux baccalauréats classique et moderne

PAR

A. BLEUNARD

DOCTEUR ÈS SCIENCES, PROFESSEUR AU LYCÉE D'ANGERS

QUESTIONS ET RÉPONSES
PROBLÈMES AVEC SOLUTIONS

PARIS

LIBRAIRIE CLASSIQUE PAUL DELAPLANE
48, RUE MONSIEUR-LE-PRINCE, 48

AVERTISSEMENT

Notre but, en écrivant ces *Interrogations de physique*, n'a pas été de faire un nouveau traité de physique sous la forme de demandes et de réponses. Nous avons au contraire supposé que l'élève avait déjà entre ses mains un des traités de physique en usage dans les classes ainsi que ses notes de cours. Aussi avons-nous voulu seulement indiquer, par quelques phrases simples et courtes, quel était le principe des méthodes et des instruments, le but des expériences, et fractionner les questions complexes pour en rendre les détails plus compréhensibles. Enfin nous avons, autant que possible, recherché les questions susceptibles d'être le plus souvent posées dans un examen oral.

Ces *interrogations* ont été écrites en se conformant expressément au programme de **mathématiques élémentaires**, le plus complet de tous. Des astérisques signalent les questions inutiles pour les élèves de *philosophie :* ceux de *l'enseignement moderne* y trouveront également toutes les questions de leur programme.

Les élèves des *écoles normales* et les candidats au *brevet supérieur* consulteront ces *interrogations* avec fruit, à la condition de négliger ce qui est en dehors de leurs programmes. Tout leur est à peu près à apprendre, sauf les questions où le calcul domine exclusivement.

Nous avons cru devoir adjoindre quelques problèmes avec leurs solutions. Pour plus de généralité, nous avons évité les données numériques. Nous avons choisi, de préférence, des problèmes déjà donnés aux divers baccalauréats. On trouvera, dans l'excellent recueil publié par M. E. Bouant, quelques-uns de ces mêmes énoncés avec leurs données numériques.

INTERROGATIONS
DE PHYSIQUE

(QUESTIONS ET RÉPONSES)

PESANTEUR

I. — Pesanteur; centre de gravité; poids.

Qu'est-ce que la pesanteur?

C'est la cause qui attire tous les corps sans exception vers la terre.

Qu'appelle-t-on direction de la pesanteur?

C'est la ligne suivie par un corps qui tombe librement. Cette ligne passe par le centre de la terre et elle est perpendiculaire à la surface des eaux tranquilles. Pour chacun des points d'un corps, c'est donc le rayon terrestre qui passe par ce point.

Quel est l'instrument qui donne la direction de la pesanteur?

C'est le fil à plomb, c'est-à-dire un corps quelconque suspendu par un fil.

Nota. — 1° Les interrogations qui sont précédées du signe * ne concernent que les élèves de la classe de mathématiques élémentaires, les candidats à l'École militaire de Saint-Cyr et au baccalauréat de l'enseignement secondaire moderne. Elles devront être laissées de côté par les élèves de philosophie, des écoles normales et les candidats au brevet supérieur.

2° On trouvera page 303 une série de *problèmes* avec leurs *solutions*.

Qu'appelle-t-on verticale?

C'est la direction de la pesanteur, c'est-à-dire la direction du fil du *fil à plomb*.

Qu'est-ce qu'un plan horizontal?

C'est un plan quelconque, perpendiculaire à la verticale du lieu où l'on se trouve.

Qu'est-ce qu'une ligne horizontale?

C'est une ligne parallèle à un plan horizontal ou contenue dans un plan horizontal.

Qu'est-ce qu'un plan vertical?

C'est un plan perpendiculaire à un plan horizontal, ou encore qui passe par une ligne verticale.

Comment s'exerce la pesanteur sur un corps?

Elle s'exerce de la même façon sur chacun des points d'un corps, c'est-à-dire que chacun des points est attiré suivant une verticale. Comme le centre de la terre est très éloigné, les verticales de tous ses points sont parallèles.

Que faut-il en conclure?

Il faut en conclure que chacun des points d'un corps est soumis à une force dirigée vers le centre de la terre, et que toutes ces forces sont parallèles.

Qu'appelle-t-on poids d'un corps?

C'est la résultante des forces parallèles qui agissent sur chacun des points d'un corps.

Au point de vue expérimental, c'est l'effort nécessaire pour empêcher le corps de tomber.

Qu'appelle-t-on centre de gravité d'un corps?

C'est le point d'application des forces parallèles qui agissent sur chacun des points d'un corps.

Au point de vue expérimental, c'est le point par lequel il faut suspendre un corps pour qu'il reste en équilibre dans toutes les directions qu'on lui donne.

Quelle est la condition d'équilibre d'un corps suspendu par un de ses points?

Il faut que le centre de gravité se trouve situé sur la verticale qui passe par le point de suspension.

Si le centre de gravité est au-dessous du point de suspension, l'équilibre est stable ; s'il est au-dessus, l'équilibre est instable ; s'il coïncide avec le point de suspension, l'équilibre est indifférent.

Qu'appelle-t-on équilibre stable?

C'est une position d'équilibre telle, que si l'on déplace le corps d'une quantité très faible, il revient à sa position primitive après quelques oscillations.

Qu'appelle-t-on équilibre instable?

C'est une position d'équilibre telle, que si l'on déplace le corps d'une quantité très faible, il ne peut revenir à sa position primitive d'équilibre et pirouette sur lui-même.

Qu'appelle-t-on équilibre indifférent?

C'est une position d'équilibre telle, que le corps reste toujours en équilibre quelle que soit la direction qu'on lui donne.

Quelle est la condition d'équilibre d'un corps placé sur un plan horizontal?

Il faut que la verticale passant par le centre de gravité du corps rencontre le polygone de sustentation à son intérieur ; sinon, le corps tombe.

Qu'est-ce que le polygone de sustentation?

C'est le polygone obtenu en joignant tous les points extérieurs de contact du corps avec le plan horizontal, en ayant soin de négliger les points qui donneraient naissance à des angles rentrants.

Comment peut-on déterminer expérimentalement le centre de gravité d'un corps?

On suspend *librement* le corps par l'un de ses points,

et, quand il est en équilibre, on trace la verticale qui passe par le point de suspension. On répète la même opération pour un autre point. Le centre de gravité est le point de rencontre des deux verticales ainsi tracées.

Y a-t-il un autre procédé?

On peut encore, quand le corps présente des arêtes vives, comme une pierre de taille, par exemple, chercher la position d'équilibre instable du corps posé par l'une de ses arêtes sur un plan horizontal. Le centre de gravité est alors situé sur le plan vertical passant par cette arête.

En répétant deux autres opérations semblables, sur deux arêtes différentes, on trouve le centre de gravité à l'intersection des trois plans ainsi déterminés.

II. — Balance.

Qu'appelle-t-on levier en physique?

C'est un corps quelconque, mobile autour d'un axe horizontal, et soumis à deux forces, dont l'une s'appelle la puissance et l'autre la résistance.

Combien y a-t-il d'espèces de leviers?

Il y en a deux. Si la puissance et la résistance agissent dans le même sens, il faut que l'axe de rotation ou point d'appui soit placé entre ces deux forces; si la puissance et la résistance agissent en sens contraires, il faut que l'axe de rotation ou point d'appui soit situé en dehors de ces deux forces et du côté de la plus grande.

Qu'appelle-t-on bras de levier?

C'est la distance du point d'appui à chacune des deux forces.

Quelle est la condition d'équilibre d'un levier?

Il faut que le produit de la puissance par son bras de

levier soit égal au produit de la résistance par son bras
de levier.

Qu'est-ce qu'une balance?

C'est un levier dont le point d'appui est au milieu,
parce que la puissance et la résistance agissent dans le
même sens. La puissance est ici, si l'on veut, le corps
qu'il s'agit de peser, et la résistance les poids gradués
qui font équilibre au corps.

De quoi se compose une balance?

Du fléau et des plateaux.

Comment est construit le fléau?

Le fléau est une tige rigide, aussi longue et aussi légère que possible. On lui donne la forme d'un losange
allongé, évidé pour qu'il ait moins de poids et conso-
lidé par des tringles transversales pour lui conserver
une grande rigidité. Le fléau porte en outre trois couteaux, une aiguille et un écrou.

Pourquoi faut-il que le fléau soit long et léger?

Pour que la balance soit sensible.

En quoi consiste la sensibilité d'une balance?

En général, on dit qu'un instrument de mesure est
sensible quand il est capable de déceler de faibles variations dans la quantité à mesurer. Par exemple, une
balance sera sensible au milligramme quand le fléau
s'inclinera beaucoup si l'on ajoute un milligramme
dans l'un des plateaux.

A quoi servent les couteaux?

Les trois couteaux, qui sont des prismes triangulaires
en acier ou en agate, servent à déterminer le point d'appui du fléau et à suspendre les plateaux.

*Quelle condition doivent remplir les arêtes des trois
couteaux?*

Elles doivent être sur une même ligne droite et l'arête

du couteau du milieu doit être exactement à égale distance des arêtes des couteaux extrêmes.

Sur quoi repose le couteau de suspension?

Sur un plan formé d'une matière très dure, généralement de l'agate.

Où sont les bras de levier du fléau?

C'est la distance qui sépare l'arête du couteau d'appui des arêtes des couteaux de suspension des plateaux.

Quelle condition doivent remplir les bras de levier du fléau?

Ils doivent être égaux.

Pourquoi?

Pour que la balance soit juste.

Qu'est-ce qu'une balance juste?

C'est une balance qui donne exactement le poids d'un corps, quand on place le corps à peser dans l'un des plateaux et des poids gradués dans l'autre plateau de manière à faire équilibre au corps. Les poids gradués représentent alors exactement le poids du corps, si la balance est juste.

Comment reconnaît-on si une balance est juste?

Le plus simple est de mettre des poids égaux dans chaque plateau et de vérifier si la balance est en équilibre.

Et si l'on n'a pas de poids égaux?

On met dans les plateaux des corps quelconques qui se font équilibre; puis on change les corps de plateaux et l'on vérifie si la balance est encore en équilibre. Si cette condition est remplie, c'est que la balance est juste.

Les balances sont-elles généralement justes?

Non, car on peut peser juste avec une balance qui ne l'est pas.

Comment?

Par la méthode de la double pesée, imaginée par Borda.

On met le corps à peser dans l'un des plateaux et on lui fait équilibre dans l'autre plateau avec des corps quelconques. C'est ce qu'on appelle faire la tare. On enlève le corps à peser et on rétablit l'équilibre avec des poids gradués qui représentent exactement le poids du corps.

Est-il permis de toucher la tare quand on veut exécuter plusieurs pesées successives?

Toute tare à laquelle on a touché est perdue, car elle se compose de corps quelconques qu'on égare le plus souvent. On s'arrange d'ailleurs de façon à faire toutes les pesées dans l'autre plateau sans jamais toucher à la tare.

A quoi sert l'aiguille du fléau?

1° Elle fixe la position d'équilibre du fléau; 2° elle amplifie les oscillations du fléau, ce qui rend les lectures plus faciles.

Comment fixe-t-elle la position d'équilibre du fléau?

L'extrémité de l'aiguille oscille devant un segment de cercle, dont le centre est l'axe de rotation de la balance. Ce cercle porte des divisions quelconques, mais égales. Le trait du milieu, qui est le zéro des divisions, coïncide avec la pointe de l'aiguille quand la balance est en équilibre. L'aiguille est d'ailleurs verticale quand le fléau est horizontal, c'est-à-dire en équilibre.

Faut-il attendre que l'aiguille soit revenue au zéro pour savoir si la balance est en équilibre?

Non, car les oscillations du fléau sont de trop longue durée. La balance est en équilibre quand l'aiguille marque des divisions égales en oscillant à la droite et à la gauche du zéro.

A quoi sert l'écrou qui se trouve au-dessus du fléau?

A déplacer le centre de gravité du fléau; ce centre de gravité monte ou descend en même temps que l'écrou.

Pourquoi faut-il déplacer le centre de gravité du fléau?

Parce que la sensibilité de la balance augmente quand le centre de gravité se rapproche de l'axe de rotation du fléau. Il doit être un peu au-dessous.

Qu'arriverait-il si le centre de gravité coïncidait avec l'axe de rotation?

La balance serait toujours en équilibre quand les plateaux seraient chargés de poids égaux, mais l'aiguille ne se fixerait plus au zéro de la graduation; elle s'arrêterait dans une position quelconque. En un mot, le fléau n'oscillerait plus.

Qu'arriverait-il si le centre de gravité montait au-dessus de l'axe de rotation?

La balance serait folle, c'est-à-dire que le fléau s'inclinerait toujours sans osciller. La position d'équilibre serait en effet instable.

Où doit être placé le centre de gravité du fléau?

Il faut qu'il soit exactement placé sur la verticale qui passe par l'axe de rotation. Pour cela, il faut que le fléau soit parfaitement symétrique par rapport à l'axe de rotation et que les plateaux aient des poids égaux.

Comment vérifie-t-on cette condition de justesse de la balance?

En voyant si l'aiguille reste bien au zéro quand la balance est vide. Sinon, on charge l'un des bras du fléau ou l'un des plateaux d'un petit poids qui ramène l'aiguille au zéro.

Qu'appelle-t-on limite de charge d'une balance?

C'est le poids le plus grand qu'on puisse lui faire porter sans faire fléchir le fléau. C'est pour augmenter la limite de charge qu'on consolide le fléau au moyen de barres transversales.

Quelle est la formule qui donne la mesure de la sensibilité d'une balance?

C'est la formule

$$\alpha = \frac{pl}{\pi d} \cdot$$

α est l'angle dont tourne le fléau ou l'aiguille quand on ajoute un poids p dans l'un des plateaux, l est la longueur du bras du fléau, π le poids du fléau et d la distance du centre de gravité du fléau à l'axe de rotation. On voit que l'aiguille oscillera d'un angle d'autant plus grand, quand on ajoutera un poids p dans l'un des plateaux, que l sera plus grand, que π et d seront plus petits.

*(En réalité, il faut écrire tang α; mais α étant très petit, on peut confondre l'angle avec sa tangente.)

ÉQUILIBRE DES LIQUIDES OU HYDROSTATIQUE

I. — Principe de Pascal.

Quel est le principe fondamental de toute l'hydrostatique?

C'est le principe de Pascal :

Toute pression exercée en un point quelconque d'un liquide se transmet intégralement dans toutes les directions à l'intérieur du liquide, c'est-à-dire se retrouve partout et dans toutes les directions avec la même intensité.

Quel est le principe qui sert de base à la construction de la presse hydraulique?

Si l'on exerce une pression P sur une portion plane S de la surface d'un liquide, on retrouve cette même pression P sur toute autre portion plane S du même liquide. Une surface nS recevra donc une pression nP, c'est-à-dire que les pressions transmises sont proportionnelles aux surfaces.

Quelle est la formule de la presse hydraulique?

Soient p la pression exercée sur le petit piston de surface s, P la pression transmise sur le grand piston de surface S.

La pression sur l'unité de surface du petit piston est $\frac{p}{s}$; sur l'unité de surface du grand piston elle est $\frac{P}{S}$. Donc, puisque la pression est la même sur chaque surface égale, on a :

$$\frac{p}{s} = \frac{P}{S}.$$

Quelle est la direction de la pression exercée sur un élément de paroi par un liquide en équilibre?

Elle est toujours normale à l'élément de paroi ; car si elle était oblique, le liquide glisserait sur la paroi et ne serait pas en équilibre.

Comment varient les pressions reçues par un point pris à l'intérieur d'un liquide en équilibre?

Elles sont partout égales autour du point, sinon le point ne serait pas en équilibre.

Que sont les pressions dans un liquide en équilibre sur un même plan horizontal?

Sur un même plan horizontal, situé à l'intérieur d'un même liquide, les pressions par unité de surface sont égales.

A quoi est égale la différence de pression sur chaque unité de surface prise dans un même liquide en équilibre sur deux plans horizontaux différents?

La pression sur l'unité de surface prise sur le plan horizontal inférieur est égale à la pression sur l'unité de surface prise sur le plan horizontal supérieur, plus le poids d'une colonne du même liquide, ayant l'unité pour base et pour hauteur la distance comptée verticalement entre les deux niveaux.

La différence est donc égale au poids de cette dernière colonne.

Quelle est la forme de la surface libre d'un liquide en équilibre?

Cette surface est horizontale, car chaque unité de surface reçoit de la part de l'atmosphère une pression égale. De plus, sans cette horizontalité, les pressions ne seraient plus les mêmes partout sur chaque unité de surface prise sur un même plan horizontal situé à l'intérieur du liquide.

Que sont les surfaces libres d'un même liquide dans des vases communiquants?

Ces surfaces sont toutes horizontales et situées sur un même plan, pour les mêmes raisons que précédemment.

Que sont les surfaces de séparation de plusieurs liquides se superposant sans se mélanger?

Toutes les surfaces de séparation sont horizontales ; la surface libre est elle-même horizontale. Cela se démontre en cherchant la condition pour que la pression soit partout la même sur un plan horizontal contenu dans le liquide inférieur.

Quelle est la loi des hauteurs des liquides différents dans les vases communiquants ?

Dans les vases communiquants, les hauteurs des liquides différents, comptées verticalement à partir du niveau de séparation des deux liquides, sont en raison inverse des densités des liquides. Cela se démontre en cherchant la condition nécessaire pour que la pression sur chaque unité de surface soit partout la même sur le plan horizontal passant par le niveau de séparation des deux liquides.

Pourquoi, dans un jet d'eau, le liquide ne monte-t-il pas au même niveau que dans le bassin supérieur?

A cause de la résistance de l'air, à cause du choc des gouttes d'eau qui retombent et surtout à cause du frottement de l'eau dans les tubes. On ne peut éliminer la première cause ; on élimine la seconde en rendant le jet un peu oblique. Quant à la troisième, on la rend très faible en diminuant beaucoup l'orifice de sortie du jet.

Qu'est-ce que le niveau à bulle d'air?

C'est un tube, fermé aux deux extrémités, et très légèrement courbe, qui contient de l'eau et une grosse bulle d'air.

A quoi sert-il ?

A reconnaître si un plan est horizontal. Quand on pose le niveau sur un plan horizontal, on voit en effet la bulle d'air s'arrêter au milieu du tube, entre deux traits de repère.

Pourquoi faut-il que le tube soit courbe ?

S'il était droit, la bulle d'air ne pourrait s'arrêter au milieu du tube; elle irait toujours à l'une des extrémités.

Comment fait-on pour rendre un plan horizontal ?

Le plan est muni de trois vis calantes. On place le niveau sur la droite qui joint deux de ces vis, et, en faisant mouvoir l'une des vis, on amène la bulle d'air entre ses points de repère : la droite est horizontale. On tourne le niveau de 90 degrés, de manière à le placer suivant la perpendiculaire menée de la troisième vis à la ligne précédente. On amène cette perpendiculaire à être horizontale en faisant tourner la troisième vis. Le plan est alors horizontal, puisqu'il contient deux lignes horizontales non parallèles.

Comment reconnaît-on qu'un niveau à bulle d'air est bien réglé ?

On dit qu'un niveau est bien réglé, quand, posé sur une ligne horizontale, la bulle s'arrête bien entre les deux points de repère. Or, sur un plan quelconque, on peut toujours trouver une ligne horizontale, qui est la section de ce plan par un plan horizontal quelconque. On cherche donc par tâtonnement une position du niveau dans laquelle la bulle se place entre ses deux points de repère, et la chose est toujours possible en faisant tourner le niveau autour de son milieu. Quand on a trouvé cette ligne qu'on suppose horizontale, on retourne le niveau de 180 degrés, toujours en le posant sur la même ligne. Si le niveau est bien réglé, la bulle doit revenir entre ses points de repère;

sinon, on tourne une vis qui déplace le tube par rapport à la base, jusqu'à ce que le niveau soit bien réglé.

II. — Pressions sur les parois des vases.

A quoi est égale la pression exercée par un liquide sur le fond horizontal d'un vase?

Elle est égale au poids d'une colonne de ce liquide, ayant pour base le fond du vase, et pour hauteur la distance comptée verticalement depuis le fond du vase jusqu'à la surface libre du liquide.

(Démonstration avec les appareils de Masson et de Haldat.)

Que démontrent en réalité les appareils de Masson et de Haldat?

C'est que la pression sur le fond d'un vase est indépendante de la forme du vase et dépend uniquement, si la surface du fond reste toujours la même, de la distance verticale de ce fond à la surface libre du liquide. Comme, au moment où le tube devient un cylindre vertical, la pression est égale au poids du liquide qu'il contient, on peut en déduire l'énoncé donné plus haut.

A quoi est égale la pression exercée par un liquide sur une portion plane de paroi latérale d'un vase ?

Elle est égale au poids d'une colonne de ce liquide, ayant pour base la portion plane de paroi, et pour hauteur la distance comptée verticalement du centre de gravité de cette portion à la surface libre du liquide.

Qu'appelle-t-on centre de pression sur la paroi considérée ?

C'est le point d'application de la résultante de toutes les pressions exercées normalement par le liquide sur chacun des points de la paroi.

Est-il nécessaire, pour qu'une paroi reçoive une pression de la part d'un liquide, que la paroi soit surmontée du liquide? Y a-t-il pression si le liquide mouille le bas de la paroi?

La paroi reçoit une pression verticale de bas en haut de la part du liquide qui la mouille à la partie inférieure, pourvu que le niveau du liquide soit supérieur à la paroi. Dans ce cas, la pression reçue est égale au poids d'une colonne liquide ayant pour base la paroi et pour hauteur la distance verticale de son centre de gravité à la surface libre du liquide. Cela se démontre en plongeant dans un liquide un tube fermé à sa partie inférieure par un disque mobile. Le disque se détache quand le liquide versé dans le tube atteint le même niveau que dans le vase extérieur.

En quoi consiste l'expérience du crève-tonneau de Pascal?

On adapte un tube de dix mètres environ de hauteur sur le fond supérieur d'un tonneau reposant sur le sol par l'autre fond. Le tonneau crève quand on le remplit d'eau ainsi que le tube.

Quelle est la pression exercée sur les parois du tonneau dans l'expérience précédente?

Elle est au moins égale au poids d'une colonne de liquide ayant pour base la portion de paroi considérée et pour hauteur la longueur du tube. Si le tube a dix mètres de haut, cela fait une pression d'au moins cent kilos par chaque décimètre carré de la surface du tonneau.

Énoncez le paradoxe hydrostatique.

La pression sur le fond d'un vase ne dépend que de la surface de ce fond et de la hauteur du liquide dans le vase. Donc, le vase étant posé sur l'un des plateaux d'une balance, les poids qui lui font équilibre dans l'autre plateau mesurent la pression exercée par le liquide sur le fond du vase et ne donnent pas le poids exact du liquide. Les poids resteront les mêmes quand le vase changera de forme et contiendra plus ou moins de liquide, à la condition que le fond ne varie pas, ni la hauteur du liquide.

Qu'est-ce qui fait la fausseté de ce paradoxe?

On a négligé les pressions sur les parois des vases, pressions qui s'exercent de haut en bas si le liquide est au-dessus des parois, de bas en haut si le liquide est au-dessous. Or, les parois d'un vase étant soudées au fond, il en résulte que toutes les pressions s'exercent simultanément sur le plateau de la balance et les poids font exactement équilibre au poids total du liquide contenu dans le vase.

Quelle est la force qui fait mouvoir le tourniquet hydraulique?

Quand l'eau s'écoule par un orifice, la pression n'existe plus sur cette portion de paroi vide. Les pressions latérales qui s'exercent sur les portions de paroi contenues dans le plan horizontal passant par l'orifice ne sont donc plus en équilibre et produisent une résultante qui est de direction opposée à l'écoulement du liquide. C'est cette résultante qui tend à faire tourner le tourniquet dans un sens contraire à l'écoulement du liquide.

III. — Principe d'Archimède.

Énoncez le principe d'Archimède.

Un corps, plongé dans un liquide, éprouve une poussée verticale de bas en haut, égale au poids du liquide déplacé.

Le corps éprouve-t-il une perte de poids?

Non, car le poids d'un corps est invariable; mais tout se passe, au point de vue de la résultante des forces, qui agissent en sens contraires, comme si l'on retranchait du poids du corps le poids du liquide déplacé.

Quelle est la démonstration théorique du principe d'Archimède?

Isolons par la pensée une masse quelconque de liquide au sein d'un liquide en équilibre. Puisque cette masse est en équilibre, c'est que les pressions latérales du liquide ambiant font équilibre à son poids. Si maintenant la masse de liquide isolée se transforme en une autre matière quelconque, sans changer de forme, les pressions latérales n'en sont pas modifiées pour cela, et la poussée reste égale au poids du liquide isolé antérieurement, c'est-à-dire au poids du liquide déplacé par le corps.

Dans la vérification expérimentale, au moyen des deux cylindres, qu'est-ce qui prouve que le cylindre plein qui plonge dans le liquide reçoit une poussée verticale de bas en haut?

C'est la perte d'équilibre qui fait pencher la balance du côté de la tare.

Qu'est-ce qui mesure la poussée?

C'est le poids du liquide versé dans le cylindre creux, poids qui rétablit l'équilibre et qui est égal au poids du liquide déplacé par le cylindre plein.

Qu'appelle-t-on poids apparent d'un corps immergé complètement dans un liquide?

C'est la différence entre le poids vrai du corps, c'est-à-dire dans le vide, et le poids du liquide qu'il déplace. Le poids du corps et la poussée sont en effet deux forces dirigées suivant la verticale, mais de sens contraires, de sorte que leur résultante est elle-même verticale et égale à leur différence.

Qu'arrive-t-il si le poids du corps est supérieur à la poussée?

Le corps tombe au fond du liquide. — **Ex.** : pierre dans l'eau.

Qu'arrive-t-il si le poids du corps est égal à la poussée ?

Le corps est en équilibre dans la masse du liquide.

Qu'arrive-t-il si le poids du corps est inférieur à la poussée ?

Il monte à la surface du liquide. — Ex. : bouchon dans l'eau.

Quand un corps flotte, à quoi est égal le poids du liquide déplacé ?

Au poids du corps. En effet, le poids du corps et la poussée exercée par le liquide déplacé se font équilibre.

Qu'appelle-t-on centre de poussée ?

C'est le centre de gravité du liquide déplacé par le corps flottant.

Quand le corps flottant est en équilibre, où est situé le centre de poussée ?

Sur la verticale passant par le centre de gravité du corps. Le poids et la poussée constituent, en effet, un couple de forces, et l'équilibre n'est possible que si les points d'application, c'est-à-dire le centre de gravité et le centre de poussée, sont situés suivant la même direction confondue des deux forces, c'est-à-dire suivant une même verticale.

Que faut-il pour que l'équilibre soit stable ?

Il faut que le centre de gravité soit situé le plus bas possible, au-dessous du centre de poussée. Si le centre de gravité monte au-dessus du centre de poussée, l'équilibre devient instable.

Qu'est-ce que le ludion ?

C'est un vrai ballon qui se meut dans l'eau. La boule de verre représente le ballon proprement dit, et le bonhomme la nacelle.

À quoi est égale la force ascensionnelle ?

C'est la différence entre le poids de l'eau déplacée et

le poids du ludion. Le poids de l'eau déplacée est constant, celui du ludion est variable.

De quoi se compose le poids du ludion ?

Du poids de l'instrument, qui est constant, augmenté du poids de l'eau contenue dans le ballon. Ce dernier poids est seul variable, et c'est lui qui fait monter ou baisser le ludion.

Comment fait-on varier le poids de l'eau contenue dans le ludion ?

La boule de verre contient de l'air et de l'eau ; elle est percée d'une petite ouverture à la partie inférieure. Quand on comprime l'eau du vase, il pénètre de l'eau dans la boule et le ludion descend ; quand on cesse de comprimer l'eau du vase, l'air de la boule, qu'on avait comprimé, se détend et chasse l'excès d'eau, ce qui fait remonter le ludion.

IV. — Poids spécifiques.

Qu'appelle-t-on poids spécifique d'un corps ?

C'est le poids de l'unité de volume de ce corps, d'un centimètre cube par exemple.

Quelle est la relation qui lie le poids d'un corps à son volume et à son poids spécifique ?

On a : $P = V \times D$. P est le poids du corps, V son volume et D son poids spécifique. En effet, D représentant, par exemple, le poids d'un centimètre cube du corps, exprimé en grammes, on aura le poids du corps, exprimé en grammes, en multipliant le volume du corps exprimé en centimètres cubes par le poids spécifique.

Quels sont les inconvénients de cette définition du poids spécifique ?

Le poids d'un corps varie avec les positions qu'il

occupe sur la terre : donc le poids spécifique n'est pas le même aux différents points du globe. Puis, le nombre qui exprime le poids spécifique dépend de l'unité de volume et de l'unité de poids adoptées : c'est donc un nombre qui change avec les unités adoptées par les différents peuples.

Comment a-t-on tourné ces difficultés?

En adoptant une autre définition. On appelle poids spécifique *relatif* d'un corps, le rapport de son poids spécifique à celui de l'eau.

Quels avantages y a-t-il à adopter cette nouvelle définition ?

Le poids spécifique relatif étant un rapport, devient un nombre abstrait, c'est-à-dire indépendant de la variation de la pesanteur sur le globe et des unités de poids et de volumes adoptées.

La formule $P = V \times D$ *est-elle encore applicable quand* D *représente le poids spécifique relatif?*

Oui, mais seulement pour les peuples qui ont adopté le système métrique français. En effet, on a :

$$P = Vd,$$

P étant le poids du corps, V son volume et d son poids spécifique. On a aussi :

$$P' = Vd',$$

P' étant le poids de l'eau ayant même volume que le corps et d' étant le poids spécifique de l'eau.

En divisant membre à membre, on a :

$$\frac{P}{P'} = \frac{d}{d'} = D,$$

en appelant D le rapport des poids spécifiques du corps et de l'eau, c'est-à-dire le poids spécifique relatif du corps.

Donc $P = P' \times D$, c'est-à-dire que le poids d'un corps est égal au produit de son poids spécifique relatif par le poids d'un même volume d'eau. Or, dans le système métrique, le nombre qui exprime le poids d'un certain volume d'eau est le même que celui qui exprime ce volume. En faisant donc une sorte de jeu de mots, on peut écrire $P = V \times D$.

Il faut, en effet, remarquer que cette formule est absurde. D est un nombre abstrait, d'où $V \times D$ représente un volume et non pas un poids. Il faut donc dire que V est le poids de l'eau ayant même volume que le corps.

Peut-on déduire de cette formule une autre définition du poids spécifique relatif?

On a : $D = \dfrac{P}{V}$.

On peut donc dire aussi que le poids spécifique relatif est le quotient du poids d'un corps par le poids du même volume d'eau.

Quelles sont les conditions de température qui ont été adoptées dans la définition du poids spécifique relatif?

La température du corps est prise à 0 degré et celle de l'eau à 4 degrés.

Connaissant le poids spécifique relatif d'un corps par rapport à un liquide A autre que l'eau, peut-on trouver le poids spécifique relatif du corps par rapport à l'eau?

Oui, il suffit de multiplier le poids spécifique relatif du corps par rapport au liquide A par le poids spécifique relatif du liquide A par rapport à l'eau.

En effet, on a :

$$\frac{P}{P'} = \frac{P}{P''} \times \frac{P''}{P'},$$

P, P' et P'' étant les poids d'un même volume du corps, de l'eau et du liquide A. Or $\dfrac{P}{P''}$ est le poids spécifique du corps par rapport à l'eau, $\frac{P}{P''}$ le poids spécifique relatif de ce corps par rapport au liquide A, $\frac{P''}{P'}$ le poids spécifique relatif du liquide A par rapport à l'eau.

Connaissant le poids spécifique relatif d'un corps par rapport à l'eau à 0 degré, comment trouver son poids spécifique relatif par rapport à l'eau à 4 degrés ?

On multipliera le poids spécifique relatif du corps par rapport à l'eau à 0 degré par le poids spécifique relatif de l'eau à 0 degré par rapport à l'eau à 4 degrés.

Quelles sont les méthodes employées pour déterminer expérimentalement les poids spécifiques relatifs ?

Il y en a trois : la méthode du flacon, qui est la plus précise et qui est seule employée pour les observations rigoureuses ; la méthode de la balance hydrostatique, beaucoup moins exacte, mais suffisante quand on veut connaître rapidement le poids spécifique d'un corps ; enfin la méthode des aréomètres, la seule applicable en voyage ou dans l'industrie à cause de sa simplicité.

Quel est le principe de la méthode du flacon, dans le cas des corps solides ?

On pèse d'abord un certain poids P du corps. On remplit ensuite un flacon d'eau, jusqu'à ce que le niveau de l'eau atteigne une hauteur bien déterminée par un trait. On plonge enfin le corps dans l'eau, on ramène le niveau au même trait de repère, et l'on détermine le poids P' de l'eau qui a été ainsi déplacée par le corps. Comme ce poids P' représente le poids de l'eau qui a même volume que le corps, le poids spécifique relatif est $\frac{P}{P''}$.

Comment réalise-t-on rapidement toutes ces opérations ?

Le flacon plein d'eau et le corps sont mis ensemble

sur le plateau d'une balance, puis on fait la tare. On enlève le corps et on le remplace par des poids gradués P de manière à rétablir l'équilibre. P est le poids du corps obtenu par double pesée. On met le corps dans le flacon et on rétablit l'équilibre avec des poids gradués P' qui représentent le poids de l'eau ayant même volume que le corps.

Où est situé le trait qui sert de point de repère pour établir le niveau de l'eau?

Sur un tube étroit qui surmonte le bouchon. Ce tube est étroit pour qu'on puisse déterminer plus exactement le niveau de l'eau. L'erreur commise dans la pesée est d'autant plus petite que le niveau de l'eau est moins large.

Quelle est la température de l'eau et du corps ?

Zéro degré. Le flacon est entouré de glace fondante et le niveau de l'eau est déterminé pour cette température de 0 degré.

Quelle précaution faut-il prendre quand on met le flacon sur la balance ?

Quand le niveau de l'eau est bien établi, on retire le flacon de la glace fondante, on l'essuie et on l'abandonne à lui-même dans le laboratoire jusqu'à ce qu'il ait pris la température de l'air ambiant. L'eau se dilate et le niveau monte dans la boule qui surmonte le tube étroit. On essuie de nouveau et on met le flacon sur la balance. Sans cette précaution, de la buée se déposerait sur les parois du verre, les parois étant plus froides que la vapeur d'eau ambiante, et la pesée serait fausse.

Quel est le principe de la méthode du flacon, dans le cas d'un corps liquide?

On pèse le liquide contenu dans un vase, le niveau étant exactement repéré à 0 degré en entourant le vase de glace fondante. On pèse ensuite l'eau pure contenue dans le même vase, le niveau étant repéré de la même façon. On divise les deux poids l'un par l'autre, car le liquide et l'eau ont exactement le même volume.

Comment réalise-t-on rapidement ces opérations?

On met le flacon vide sur le plateau d'une balance, et, à côté, un poids P qui doit être supérieur aux poids des liquides qui rempliront le flacon. On fait la tare sur l'autre plateau. On remplit le flacon du liquide dont on veut trouver le poids spécifique, on enlève le poids P et on rétablit l'équilibre avec des poids gradués p. Le poids du liquide est P$-p$. On détermine de même le poids de l'eau P$-p'$. Le poids spécifique est $\frac{P-p}{P-p'}$. On évite ainsi la pesée du flacon vide. Le niveau de l'eau doit être repéré dans un tube étroit et à 0 degré, comme dans le cas des corps solides.

Comment détermine-t-on le poids spécifique d'un corps solide par la méthode de la balance hydrostatique?

On suspend le corps au moyen d'un fil à l'un des plateaux de la balance, puis on fait la tare. On enlève le corps, sans enlever le fil, et on rétablit l'équilibre au moyen de poids gradués P qui représentent le poids du corps. On enlève les poids, on attache de nouveau le corps au fil et on le plonge entièrement dans l'eau. On rétablit l'équilibre avec des poids gradués P' qui représentent la poussée, c'est-à-dire le poids de l'eau ayant même volume que le corps. Le poids spécifique est $\frac{P}{P'}$.

Comment détermine-t-on le poids spécifique d'un liquide par la méthode de la balance hydrostatique?

On suspend au moyen d'un fil une boule creuse en verre, remplie de mercure, à l'un des plateaux de la balance, puis on fait la tare. On plonge la boule dans le liquide et on rétablit l'équilibre avec des poids gradués P. On enlève les poids, on plonge la boule dans l'eau et on rétablit l'équilibre avec des poids gradués P'. Or P et P' représentent des poids de liquide et d'eau ayant même volume, celui de la boule : donc le poids spécifique est $\frac{P}{P'}$.

Quelle cause rend cette méthode moins exacte que celle du flacon?

C'est le fil qui attache le corps ou la boule et qui déplace un peu de liquide. Dans le cas du corps solide, par exemple, P' est un peu trop grand et le poids spécifique trouvé est un peu trop petit.

Quand appelle-t-on une balance hydrostatique?

Quand le fléau peut s'élever ou s'abaisser à volonté par un mécanisme spécial, ce qui facilite les opérations pour plonger les corps dans l'eau.

Quelle précaution faut-il prendre quand on plonge un corps dans l'eau ou dans un liquide quelconque, dans la détermination des poids spécifiques?

Il faut avoir soin d'enlever les bulles d'air qui restent fixées au corps, au moyen d'un pinceau. Sinon, le volume du liquide déplacé est trop grand et le poids spécifique trouvé est trop petit.

Qu'est-ce que l'aréomètre de Nicholson?

C'est un corps flottant qui se compose d'un tube creux, ou flotteur, d'une boule de lest pour maintenir l'appareil verticalement et d'un plateau supporté par le flotteur au moyen d'une tige grêle. Un trait de repère est marqué sur cette tige. La boule de lest supporte un plateau inférieur.

Comment détermine-t-on le poids spécifique d'un corps solide avec l'aréomètre de Nicholson?

On pose un fragment du corps sur le plateau supérieur, puis on détermine avec de la grenaille de plomb l'affleurement de l'instrument dans l'eau jusqu'au point de repère. On enlève le corps et on rétablit l'affleurement avec des poids gradués P qui représentent le poids du corps. On enlève ces poids, on met le corps dans le plateau inférieur et on rétablit l'affleurement avec des poids gradués P' qui représentent la poussée.

Le poids spécifique est donc $\dfrac{P}{P'}$.

Pourquoi cet instrument ne donne-t-il pas exactement les poids spécifiques?

Parce que c'est une balance peu sensible; puis, le frottement de l'instrument contre les parois du vase qui renferme le liquide est aussi une cause d'erreur dans les pesées.

Quelle est son utilité?

Il est facilement transportable en voyage et sert pour déterminer rapidement le poids spécifique des roches. La connaissance de ce poids spécifique permet aux géologues ou aux ingénieurs de déterminer la nature des roches.

En quoi consiste l'aréomètre de Fahrenheit?

Il est entièrement en verre pour ne pas être attaqué par les acides. Il se compose d'un flotteur supportant un plateau au moyen d'une tige grêle avec trait de repère, et d'une boule de lest.

Comment détermine-t-on le poids spécifique d'un liquide avec cet instrument?

On commence par peser l'instrument; soit P son poids. On détermine l'affleurement jusqu'au trait de repère dans le liquide dont on veut trouver le poids spécifique avec des poids gradués p. Le poids du liquide déplacé est $P + p$. On fait la même opération dans l'eau pure. Le poids de l'eau déplacée, ayant même volume que le liquide, est $P + p'$.

Le poids spécifique est donc $\dfrac{P+p}{P+p'}$.

Pourquoi les aréomètres de Nicholson et de Fahrenheit sont-ils appelés à volume constant?

Parce que dans les opérations qu'on exécute avec eux, le volume du liquide déplacé est toujours le même, l'affleurement étant toujours établi jusqu'au trait de repère.

Comment trouve-t-on le poids spécifique d'un corps soluble dans l'eau?

On détermine son poids spécifique par rapport à un liquide dans lequel il est insoluble; c'est-à-dire qu'on substitue ce liquide à l'eau dans les méthodes du flacon, de la balance hydrostatique ou de l'aréomètre. Ceci fait, on multiplie le poids spécifique trouvé par le poids spécifique du liquide par rapport à l'eau. (Voir plus haut pour la démonstration.)

V. — Aréomètres à poids constant.

A quoi servent les aréomètres à poids constant?

Ils mesurent les poids spécifiques des liquides. Comme les poids spécifiques, par leurs variations, peuvent caractériser les variations dans la composition des liquides, il en résulte que ces instruments servent aussi à déterminer la composition des liquides.

Quelle est la construction des aréomètres à poids constant?

Ils se composent tous d'un flotteur, d'une boule de lest et d'une longue tige bien cylindrique supportée par le flotteur. Le tout est en verre pour résister à l'attaque des acides. La tige cylindrique porte les indications de l'instrument; les points d'affleurement du liquide varient avec son poids spécifique ou sa composition, car l'instrument s'enfonce d'autant plus que le liquide a un poids spécifique plus faible.

Pourquoi ?

Parce que le poids de l'instrument, qui est constant, est égal au poids du liquide déplacé. Le volume du liquide déplacé augmente donc quand le poids spécifique diminue.

Pourquoi le tube qui porte la graduation doit-il être bien calibré, c'est-à-dire bien cylindrique ?

Parce que, dans la plupart des cas, on veut que chaque division représente un même volume de liquide déplacé.

* *Qu'est-ce que le densimètre ?*

C'est un aréomètre à poids constant qui détermine le poids spécifique d'un liquide sans calcul ou au moyen d'un calcul très simple.

* *Quelle est sa construction ?*

On plonge l'instrument dans l'eau pure, et, au point d'affleurement, qui doit être vers le milieu de la tige, on marque 100.

* *Comment peut-on placer le point d'affleurement en un point déterminé de la tige ?*

Le sommet de la tige est ouvert avant l'opération de la graduation. C'est par là qu'on introduit du mercure ou de la grenaille de plomb dans la boule de lest jusqu'à ce que l'instrument affleure au point déterminé.

* *Quelle est la suite des opérations ?*

On plonge ensuite l'instrument dans un liquide de poids spécifique connu D. Le zéro de la graduation étant placé par convention à la base de la boule de lest, il s'agit maintenant de partager le volume compris entre la division 0 et la division 100 en cent parties égales. Pour cela, nous allons déterminer par le calcul la division d'affleurement x dans un liquide de poids spécifique D. Soit V le volume de chaque division. Le poids d'eau déplacée, quand l'instrument affleure à la division 100 dans l'eau pure, est $100 \, V \times 1$; dans le liquide de poids spécifique D, ce poids est $x \times V \times D$. Ces deux poids sont égaux, puisqu'ils sont égaux au poids de l'aréomètre ; donc $100 \, V = x \times V \times D$. D'où $x = \dfrac{100}{D}$. C'est ce nombre x qu'on porte sur la tige au point d'affleurement. On divise l'intervalle compris entre les divisions 100 et x en $100 - x$ parties égales, et on prolonge ces divisions tout le long de la tige.

Comment détermine-t-on le poids spécifique d'un liquide?

Soit x le point d'affleurement de l'instrument dans ce liquide. On a : $100 \, V = x \times V \times D$, d'où $D = \dfrac{100}{x}$. On obtient donc le poids spécifique en divisant 100 par la division d'affleurement. Le poids spécifique est supérieur à 1 si le point d'affleurement est au-dessous de 100 ; il est inférieur à 1 si le point d'affleurement est au-dessus.

Comment la tige est-elle graduée pratiquement?

On avait introduit une feuille de papier blanc dans la tige, avant la détermination des points d'affleurement 100 et x. Ces deux points sont repérés au moyen de deux points faits avec de la cire rouge. On retire la feuille de papier du tube, on y marque deux traits situés à la même distance que les deux points rouges, puis on effectue la division en parties égales. La feuille de papier est introduite de nouveau dans le tube, on fait coïncider les divisions 100 et x avec les deux points rouges et on ferme le tube à la lampe. Ce mode opératoire est le même pour tous les aréomètres à poids constant.

A quoi servent les aréomètres de Baumé?

A déterminer le poids spécifique d'un liquide, sans le mesurer. Ce sont des densimètres à graduation arbi-

2.

traire et non rationnelle. L'industrie et le commerce en font usage, car ils sont commodes dans la pratique. Ils permettent de spécifier le degré de concentration des sirops, des liqueurs, des dissolutions salines, etc.

Quelle est la graduation de l'aréomètre de Baumé destiné aux liquides plus denses que l'eau, dit pèse-sirop ou pèse-acide ?

On plonge l'instrument dans l'eau pure, à la température de 12°, et l'on marque 0 au point d'affleurement. Le zéro doit être situé près du sommet de la tige. On le plonge ensuite dans une dissolution de 15 parties en poids de sel marin et de 85 parties d'eau, et l'on marque 15 au point d'affleurement. On divise l'intervalle compris entre 0 et 15 en quinze parties égales et on prolonge les divisions jusqu'au bas de la tige.

Quelle est la graduation pour l'aréomètre de Baumé destiné aux liquides moins denses que l'eau, dit pèse-esprit ou pèse-liqueur ?

On plonge l'instrument dans une dissolution de 10 parties en poids de sel marin et de 90 parties d'eau, et l'on marque 0 au point d'affleurement. Le zéro doit être situé au bas de la tige. On le plonge dans l'eau pure et au point d'affleurement l'on marque 10. On divise l'intervalle en dix parties égales et on prolonge les divisions jusqu'au sommet de la tige.

Ces graduations sont-elles rationnelles ?

Nullement, elles sont arbitraires et même mal conçues. Il faut cependant savoir gré à Baumé d'avoir inventé un instrument très utile au commerce et à l'industrie. Il serait bien préférable d'y substituer un densimètre.

Faut-il répéter cette graduation pour chaque aréomètre ?

Non, on gradue une fois pour toutes un étalon, et l'on gradue tous les autres aréomètres semblables par comparaison avec l'étalon.

Peut-on calculer le poids spécifique d'un liquide avec l'aréomètre de Baumé ?

Oui, mais le calcul est compliqué. Prenons, par exemple, l'aréomètre destiné aux liquides plus denses que l'eau. Soient V le volume de l'instrument depuis la base jusqu'au zéro, v le volume de chaque division, n la division d'affleurement de la tige dans un liquide de poids spécifique x, enfin d le poids spécifique du liquide salin ayant servi à déterminer la division 15.

Le poids de l'eau pure déplacée est $V \times 1$; celui du liquide salin, $(V - 15\,v)\,d$; celui du liquide dont on calcule le poids spécifique, $(V - nv)\,x$. Donc, puisque les poids des liquides déplacés sont égaux,

$$V = (V - 15v)\,d,$$
$$V = (V - nv)\,x,$$

ou, en divisant par V,

$$1 = \left(1 - 15\frac{v}{V}\right) d,$$
$$1 = \left(1 - n\frac{v}{V}\right) x.$$

On trouve x en éliminant $\dfrac{v}{V}$ entre les deux équations.

Quelle conséquence remarquable peut-on déduire de ce calcul ?

On voit que x, c'est-à-dire le poids spécifique du liquide, est indépendant de V et de v ; on en déduit que tous les aréomètres sont comparables entre eux. Autrement dit, tous les aréomètres affleureront à la division n dans un même liquide de poids spécifique x.

A quoi sert l'alcoomètre centésimal de Gay-Lussac ?

A déterminer la proportion d'eau et d'alcool d'un mélange d'eau et d'alcool. Si l'instrument, par exemple, affleure à la division n, cela signifie que le mélange est formé de *n* volumes d'alcool pur et de 100 — *n* volumes d'eau pure.

Quelle est la graduation?

Elle est empirique, c'est-à-dire effectuée au moyen de l'expérience et sans aucun calcul. On fait séparément 21 mélanges alcooliques, à la température de 15°, dont les richesses respectives sont 100, 95, 90,.... 15, 10, 5, 0. On plonge successivement l'instrument dans ces mélanges, et, aux points d'affleurement, on marque les richesses alcooliques correspondantes. Chaque intervalle est divisé ensuite en 5 parties égales.

Les divisions sont-elles également espacées tout le long de la tige?

Non, elles sont plus espacées en haut qu'en bas, ce qui est excellent. En effet, les plus larges espaces correspondent aux plus grandes richesses alcooliques, ce qui augmente la sensibilité de l'appareil au moment où les droits à payer pour l'alcool deviennent précisément plus considérables.

Quelle est la cause de cette inégalité des divisions?

Cela tient à ce que la proportion du liquide le moins dense augmente par rapport au liquide le plus dense.

Pourquoi Gay-Lussac n'a-t-il pas pu graduer son instrument par le calcul?

Parce qu'il se produit une contraction quand on mélange de l'eau et de l'alcool. Sinon, connaissant les points 0 et 100, il serait possible de calculer toutes les autres divisions.

Les indications de l'instrument sont-elles vraies pour toutes les températures?

Non, elles ne sont exactes qu'à 15°. Quand on opère à une autre température, on doit se servir d'une table à double entrée dressée par Gay-Lussac. Au point de croisement des lignes qui correspondent à la température du liquide donnée par un thermomètre et à la division lue sur l'instrument, on trouve la véritable richesse alcoolique.

L'alcoomètre centésimal peut-il donner la richesse alcoolique du vin?

Non, car il a été construit exclusivement pour un mélange ne contenant que de l'eau et de l'alcool. Voici comment on opère avec le vin. On distille la moitié d'un volume connu V de vin, de manière à recueillir la totalité de l'alcool. On complète avec de l'eau pure le volume primitif V. Il ne reste plus qu'à chercher avec l'alcoomètre la richesse alcoolique de ce mélange d'eau et d'alcool.

ÉQUILIBRE DES GAZ.

I. — Pression atmosphérique. — Baromètre.

Quelles sont les propriétés communes aux liquides et aux gaz?

Les gaz, étant encore plus mobiles que les liquides, transmettent aussi intégralement les pressions dans tous les sens. Sur un même plan horizontal, les pressions par unité de surface sont partout égales. Le principe d'Archimède et ses conséquences s'appliquent aux gaz comme aux liquides.

Quelle est la propriété qui distingue les gaz des liquides?

C'est leur élasticité. Les liquides conservent un volume constant et n'exercent aucune pression par eux-mêmes; les gaz, au contraire, possèdent une élasticité propre, qui leur fait exercer une pression sur les vases qui les contiennent. Il en résulte aussi que le volume d'un gaz est essentiellement variable : il est toujours celui du vase qui le contient. Quand il s'agit de petites masses de gaz, la pression due à la pesanteur peut être négligée, à cause du faible poids du gaz, et il n'y a plus à considérer que la pression due à l'élasticité. On peut donc admettre sans grande erreur que, dans une faible masse de gaz, la pression est partout la même.

Quelles sont les expériences qui démontrent l'élasticité des gaz?

La vessie dégonflée qui se gonfle dans la cloche de la machine pneumatique; le jet d'eau dans le vide ; le briquet à air, etc.

Comment prouve-t-on que les gaz sont pesants?

On pèse un vase rigide, successivement vide, puis rempli de gaz. L'excès du poids donne le poids du gaz.

Pourquoi le vase doit-il être rigide?

Pour que la poussée de l'air atmosphérique sur le vase reste constante. On a : poids du vase plein égale poids du vase, plus poids de l'air qu'il contient, moins poussée ; poids du vase vide égale poids du vase, moins poussée. Donc la différence des deux pesées représente bien le poids de l'air remplissant le vase.

Qu'arriverait-il si l'on faisait l'expérience avec une vessie, c'est-à-dire avec un vase non rigide?

On aurait : poids de la vessie pleine égale poids de la vessie, plus poids de l'air qu'elle contient, moins poussée. Or, la poussée étant égale au poids de l'air, on trouverait précisément le poids de la vessie vide. Aristote avait faussement déduit de cette expérience que l'air n'était pas pesant.

Quelles sont les expériences qui démontrent la pression exercée par l'air de l'atmosphère?

Les hémisphères de Magdebourg, le crève-vessie, la pluie de mercure, etc.

Qu'est-ce que le baroscope?

C'est un instrument qui indique, sans les mesurer, les variations de la pression atmosphérique. Il consiste en une petite balance très sensible, supportant aux extrémités du fléau une très grosse boule creuse et une très petite pleine, qui se font équilibre dans l'air pour une pression déterminée. Or, si la pression atmosphérique vient à changer, on voit l'équilibre se modifier. La balance penche du côté de la petite boule si la pression augmente, du côté de la grosse si la pression diminue.

Quelle est la cause de ces changements d'équilibre?

Ce sont les poids apparents dans l'air de deux boules

qui se font équilibre pour une pression déterminée. On a, en appelant P et p les poids de la grosse et de la petite boule, V et v leurs volumes respectifs, d le poids spécifique de l'air par rapport à l'eau pour la pression déterminée : $P - V \times d = p - v \times d$. On voit d'abord, V étant supérieur à v, qu'il faut nécessairement que P soit supérieur à p pour que cette égalité existe. Le poids de la grosse boule est donc supérieur à celui de la petite, ce qu'on constate en plaçant l'appareil dans la cloche de la machine pneumatique et faisant le vide. On voit la balance pencher du côté de la grosse boule. De plus, le poids spécifique d de l'air augmente avec la pression. La poussée $V \times d$ de la grosse boule augmente donc plus vite que la poussée $v \times d$ de la petite, ce qui fait que la grosse boule perd plus de son poids que la petite quand la pression de l'air augmente. C'est le contraire quand la pression de l'air diminue.

Comment fait-on pour mesurer la pression exercée par l'atmosphère sur une surface plane S, en un lieu donné?

On mesure le poids de la colonne de mercure, de section plane S, que la pression atmosphérique est capable de soulever dans un tube où il y avait primitivement le vide. Le mercure s'élève dans le tube à une hauteur *verticale* H au-dessus du niveau du mercure dans la cuvette où plonge le tube. La pression exercée par l'air sur une surface S est égale à $S \times H \times d$, d étant le poids spécifique du mercure.

Quel est l'inventeur de cet instrument de mesure?

C'est Torricelli, et cet instrument se nomme baromètre. Pascal montra que l'ascension du mercure dans le tube est due à la pression atmosphérique qui s'exerce sur la surface du mercure dans la cuvette.

Quelle est la construction d'un baromètre à cuvette?

On prend un tube ayant 90 centimètres environ de longueur, on le ferme à une extrémité, on le remplit complètement de mercure, on le bouche avec le doigt, puis on le renverse sur le mercure. On opère parfois autrement : on fait le vide dans le tube, puis on laisse pénétrer du mercure de manière à le remplir complètement.

Quelle est la précaution à prendre dans la première méthode pour ne laisser dans le tube ni air ni eau ?

Il faut faire bouillir un instant le mercure dans toute la longueur du tube, de manière à chasser complètement la mince enveloppe d'air et d'eau qui, sans cela, resterait entre le verre et le mercure. Quand le mercure a bouilli, il adhère complètement au verre. On s'en aperçoit au brillant que prend sa surface.

Qu'appelle-t-on hauteur du baromètre ?

C'est la distance comptée verticalement entre le niveau du mercure dans la cuvette et le niveau du mercure dans le tube.

Comment mesure-t-on cette hauteur ?

La méthode la plus simple et la plus usitée consiste à maintenir le tube barométrique exactement dans la verticale et à mesurer la distance des deux niveaux au moyen d'une graduation en millimètres portée le long du tube. Le zéro de l'échelle doit toujours coïncider avec le niveau du mercure dans la cuvette. Or, en choisissant cette cuvette assez large, on peut considérer le niveau du mercure comme à peu près invariable. Un vernier, qui glisse le long de l'échelle, donne les fractions de millimètre. Quand on veut une plus grande précision, on munit la cuvette d'une aiguille verticale, terminée en haut et en bas par des pointes. On fait toucher la surface du mercure de la cuvette par la pointe inférieure, puis on mesure avec le cathétomètre la distance verticale comprise entre la pointe supérieure et la surface du mercure dans le tube. La hauteur barométrique est rigoureusement égale à cette distance, augmentée de la longueur de l'aiguille connue une fois pour toutes.

Qu'est-ce que le cathétomètre ?

C'est une lunette, mobile le long d'une règle verticale graduée en millimètres. La lunette peut tourner dans toutes les directions, tout en restant dans un même plan horizontal. En visant successivement deux points dans l'espace, on mesure la distance verticale qui les sépare par le déplacement de la lunette sur sa tige verticale en passant de sa première position à la seconde.

Qu'appelle-t-on erreur capillaire dans le baromètre ?

C'est la dépression de la colonne de mercure qui se produit dans les tubes étroits, dépression due à l'action réciproque du verre et du mercure.

Que serait l'erreur capillaire si le baromètre contenait de l'eau au lieu de mercure ?

Au lieu d'une dépression dans la colonne, on observerait au contraire une élévation anormale.

Quelles sont les expériences qui montrent l'existence de ces phénomènes capillaires ?

Construisons plusieurs baromètres à mercure avec des tubes de diamètres différents. Nous verrons tous les niveaux rester sur un même plan horizontal tant que le diamètre sera supérieur à 1 centimètre environ. Mais, pour des diamètres inférieurs, les niveaux seront d'autant plus bas que les diamètres seront plus petits.

Pour montrer l'ascension de l'eau dans les tubes capillaires, il suffit de plonger verticalement des tubes de diamètres différents dans l'eau. Les niveaux seront les mêmes extérieurement et intérieurement pour les tubes larges; pour les tubes étroits, le niveau intérieur s'élèvera d'autant plus que le diamètre sera plus petit.

Qu'appelle-t-on ménisque dans les tubes étroits?

C'est la courbure qu'affecte le niveau du liquide. Pour

le mercure, le ménisque est convexe pour l'observateur placé au-dessus; pour l'eau, il est concave.

Comment faut-il lire la hauteur barométrique en tenant compte du ménisque ?

Il faut prendre pour niveau du mercure le plan tangent à la partie supérieure du ménisque.

Y a-t-il une correction à faire quand le tube barométrique a plus d'un centimètre de diamètre ?

Non, puisqu'il n'y a pas de dépression capillaire.

Comment effectue-t-on la correction quand le tube a moins d'un centimètre de diamètre ?

On admet que la correction est constante pour un même baromètre. On compare alors une fois pour toutes son baromètre à tube étroit avec un baromètre à tube large. Soit *a* la dépression observée : on ajoutera toujours la quantité *a* à la hauteur barométrique lue sur l'instrument.

Peut-on construire un baromètre avec un autre liquide que le mercure ?

Oui, mais à la condition que le liquide n'émette pas sensiblement de vapeurs. En effet, la colonne de liquide dans le tube barométrique mesure, en réalité, la différence entre la pression de l'air atmosphérique et la pression de la vapeur émise dans le tube par le liquide. Il faut donc que cette pression de la vapeur soit nulle ou presque nulle, comme avec le mercure, pour que la colonne du baromètre mesure la pression atmosphérique.

En admettant que le liquide de poids spécifique d n'émette pas de vapeurs, quelle serait la hauteur de la colonne dans un baromètre construit avec ce liquide?

Soient x la hauteur du liquide de poids spécifique d, H la hauteur du baromètre construit avec du mercure de poids spécifique D. L'unité de surface supporte dans chaque cas, au niveau du liquide dans la cuvette, une pression égale à la pression atmosphérique. On a donc :

$$1 \times x \times d = 1 \times H \times D ;$$

d'où

$$x = H \times \frac{D}{d}.$$

Si le liquide est de l'eau, on a :

$$x = H \times \frac{13,6}{1} = H \times 13,6,$$

c'est-à-dire environ 10 mètres, en admettant que H oscille dans les environs de 76 centimètres.

Est-ce que la hauteur barométrique est toujours dans les environs de 76 centimètres?

La hauteur barométrique est essentiellement variable. Au niveau de la mer et dans les plaines basses, elle oscille généralement entre 74 et 77 centimètres; mais, sur les lieux élevés, elle peut atteindre des valeurs beaucoup inférieures.

Peut-on voyager avec le baromètre à cuvette?

Non, car le mercure vient frapper violemment le sommet du tube et le brise; il n'y a pas, en effet, de gaz pour faire tampon. De plus, le poids de l'instrument est considérable, puisqu'il faut une cuvette large. Ce n'est donc qu'un baromètre destiné à rester toujours au même lieu.

Quel baromètre faut-il emporter en voyage?

Celui qu'a construit Fortin. C'est encore un baromètre à cuvette, mais construit de manière à éviter les inconvénients du baromètre ordinaire. La cuvette est étroite; mais, grâce à un fond mobile en peau de chamois, on ramène toujours le niveau du mercure à un même point de repère, représenté ici par une pointe d'ivoire. Le zéro de la graduation du tube doit donc coïncider avec cette pointe d'ivoire. La cuvette est en buis vers la base, mais en verre vers le sommet pour laisser voir le niveau du mercure et la pointe. On ne peut la construire avec du laiton qu'attaquerait le mercure. Enfin, le couvercle qui ferme la cuvette est également en buis. Il est percé d'une ouverture pour laisser passer le tube. De plus, une peau de chamois relie le tube à la cuvette, ce qui empêche le mercure de passer par l'espace annulaire. La pression atmosphérique se transmet par cette peau de chamois à l'air contenu dans la cuvette, au moyen des trous très petits dont la peau est percée. Ces trous occupent la place restée vide des poils.

Comment se sert-on du baromètre de Fortin en voyage?

On relève, au moyen d'une vis, le fond en peau de chamois de la cuvette, jusqu'à ce que le mercure ait atteint le sommet du tube barométrique. Le coup de marteau n'est plus à craindre. Pour plus de sûreté, on retourne l'instrument, de manière à mettre la cuvette en haut, puis on part en voyage. Arrivé à destination, on suspend l'instrument à un trépied muni d'un système à la *Cardan;* le tube barométrique est alors bien vertical. On tourne la vis inférieure, jusqu'à ce que le mercure affleure dans la cuvette à la pointe d'ivoire. Il ne reste plus qu'à lire la position du niveau du mercure dans le tube.

En quoi consiste la suspension à la Cardan?

Cardan a imaginé un système qui permet à un corps suspendu de rester dans une position verticale, quel que soit le mouvement imprimé au support. Ce système se compose de plusieurs anneaux concentriques, mobiles les uns autour des autres au moyen d'axes de rotation respectivement perpendiculaires entre eux. L'objet est suspendu à l'anneau intérieur; l'anneau extérieur sert de support à tout le système.

Qu'est-ce que le baromètre à siphon?

C'est un tube barométrique sans cuvette. Le tube est recourbé à la base en forme de J, et le mercure est maintenu suspendu par la pression atmosphérique qui s'exerce sur le niveau de la petite branche ouverte.

A quoi est égale la hauteur barométrique?

A la distance verticale qui sépare les deux niveaux.

Comment la mesure-t-on?

Le tube est placé bien verticalement. On lit alors les distances verticales des deux niveaux à un point fixe placé vers le milieu du tube. En ajoutant ces deux distances, on a la hauteur barométrique. On se sert de deux échelles, l'une montante, l'autre descendante, ayant le même zéro au milieu du tube.

Quel est l'inconvénient de ce baromètre?

Quand le tube est étroit, il y a deux erreurs capillaires puisqu'il y a deux ménisques. Soient a la correction capillaire du ménisque supérieur, a' la correction capillaire du ménisque inférieur, c'est-à-dire les hauteurs de mercure à ajouter aux deux niveaux; soient h et h' les deux lectures faites sur l'instrument. La hauteur barométrique vraie est $h + a + h' - a' = h + h' + (a - a')$. Les deux corrections capillaires doivent donc se retrancher.

Comment trouve-t-on ces corrections a et a'?

Dans des tables construites spécialement pour cet usage. Il faut d'abord mesurer les diamètres intérieurs des tubes, puis les flèches des ménisques. On appelle flèche d'un ménisque la distance verticale qui sépare le sommet du ménisque du plan suivant lequel ce ménisque devient tangent au tube. Connaissant le diamètre et la flèche, les tables donnent la correction capillaire.

Le baromètre à siphon est-il employé pour les observations précises?

Non, à cause des corrections capillaires. Il n'est employé, grâce à la simplicité de sa construction, que pour les observations peu précises. La petite branche inférieure est alors très large, de manière que le niveau y reste sensiblement invariable. La hauteur barométrique se lit alors au moyen d'une échelle graduée, portée le long du tube, et dont le zéro fixe coïncide avec le niveau du mercure dans la petite branche.

Qu'est-ce que le baromètre métallique?

C'est un baromètre formé d'une boîte ou d'un tube recourbé, à parois métalliques et très minces, dans l'intérieur desquels on a fait le vide. Quand la pression atmosphérique augmente, le couvercle de la boîte s'enfonce ou le tube se courbe davantage; quand elle diminue, le couvercle se relève à cause de son élasticité ou le tube se détend. Par un système de leviers, le couvercle ou le tube communiquent un mouvement de rotation à une aiguille qui se meut devant un cadran divisé. Le baromètre métallique est dû au physicien italien Vidi.

Quelle est la graduation de ces instruments?

Ils sont toujours gradués par comparaison avec un baromètre à mercure. Comme l'élasticité du métal varie avec le temps, il est absolument nécessaire de vérifier, au moins une fois chaque mois, l'exactitude des indications, toujours par comparaison avec un baromètre à mercure. On ramène l'aiguille à sa position vraie au moyen d'une clef qui agit sur les leviers.

Quels sont les avantages de ces instruments?

Ils tiennent peu de place, sont facilement transportables et sont très sensibles. L'aiguille se déplace beaucoup pour une faible variation de la pression atmosphérique. De plus, ils peuvent facilement être transformés en baromètres enregistreurs. Il suffit pour cela de munir l'aiguille d'une petite plume imprégnée d'encre (glycérine et violet d'aniline). La plume trace un trait continu sur une feuille de papier qui se déroule d'un mouvement régulier au moyen d'un mécanisme d'horlogerie.

II. — Loi de Mariotte

Énoncez la loi de Mariotte.

Les volumes d'une même masse gazeuse varient en raison inverse des pressions qu'elle supporte, pourvu que la température reste toujours constante.

Quels sont les physiciens qui ont découvert cette loi?

L'abbé Mariotte en France, et Boyle en Angleterre, au milieu du xvii⁰ siècle.

Comment exprime-t-on cette loi algébriquement?

Soient V et H le volume et la pression d'une masse gazeuse dans une première expérience; V' et H' le volume et la pression de la même masse gazeuse dans une seconde expérience. On a :

$$\frac{V}{V'} = \frac{H'}{H}, \quad \text{ou} \quad V \times H = V' \times H'.$$

On peut donc dire que, pour une même masse gazeuse, le produit du volume par la pression est une quantité constante pour chacune des valeurs nouvelles que prennent le volume et la pression dans les diverses phases d'une expérience.

Comment démontre-t-on la loi de Mariotte au moyen du tube dit de Mariotte ?

C'est un tube en forme de J, la grande branche étant ouverte et la petite fermée. On verse du mercure par la grande branche, de manière à enfermer une certaine masse d'air, de volume V, dans la petite branche. On mesure la distance verticale h entre les deux niveaux du mercure dans les deux branches. On lit sur un baromètre à mercure la pression atmosphérique H. La pression supportée par la masse d'air de volume V est H + h. On verse une nouvelle quantité de mercure dans la grande branche; le volume de la même masse gazeuse devient V' et sa pression $\text{II} + h'$. Le calcul montre qu'on a bien :

$$V\,(\text{II} + h) = V'\,(\text{II} + h').$$

L'expérience ne comporte-t-elle pas un cas particulier remarquable ?

Si ; on met les deux niveaux sur un même plan horizontal, dans la première expérience, de façon à rendre h nul. Puis on verse du mercure dans la grande branche jusqu'à ce que le volume de l'air soit devenu la moitié de ce qu'il était d'abord. On trouve alors $h' = \text{II}$. L'équation devient en effet :

$$V \times \text{II} = \frac{V}{2}\,(\text{II} + h') ;$$

d'où

$$h' = \frac{2V\text{II} - V\text{II}}{V} = \text{II}.$$

Le volume étant devenu deux fois plus petit, on voit que la pression est devenue $2\,\text{II}$, c'est-à-dire deux fois plus grande.

Comment démontre-t-on la loi de Mariotte au moyen de l'expérience dite de la cuve profonde ?

On prend un tube fermé par un bout et long d'environ 1 mètre. On y verse du mercure, mais sans le remplir complètement, de manière à y laisser une certaine masse d'air. On bouche avec le doigt, on retourne le tube et on le plonge verticalement dans une cuve profonde contenant du mercure. On fixe le tube dans une certaine position, puis on mesure le volume V de l'air emprisonné et la distance verticale h entre le niveau du mercure dans le tube et le niveau du mercure dans la cuve. On observe la pression atmosphérique II dans le baromètre à mercure. Le volume V est soumis à la pression $\text{II} - h$. En effet, la pression atmosphérique II fait équilibre à la colonne de mercure h, plus à la pression de l'air dans le tube : donc $H = h + x$, d'où $x = H - h$ (x est la pression de l'air du tube). On fixe le tube dans une seconde position, et l'on mesure de même son nouveau volume V' et sa nouvelle pression $H - h'$. Le calcul montre qu'on a bien :

$$V (H - h) = V' (H - h').$$

L'expérience ne comporte-t-elle pas un cas particulier remarquable?

On enfonce le tube, dans la première expérience, jusqu'à ce que les niveaux soient les mêmes dans le tube et dans la cuve : h est donc nul. Puis on soulève le tube jusqu'à ce que le volume de l'air devienne deux fois plus grand; on constate alors que $h' = \dfrac{H}{2}$.

En effet, l'équation devient :

$$V \times H = 2V (H - h');$$

d'où

$$h' = \frac{2VH - VH}{2V} = \frac{H}{2}.$$

La loi de Mariotte est-elle rigoureusement exacte?

Non, elle est d'autant moins exacte que le gaz se rapproche davantage de son point de liquéfaction. Dans ce cas, le gaz est plus compressible que ne l'indique la loi de Mariotte.

On devrait avoir $VH = V'H'$, d'où $V' = \dfrac{VH}{H'}$. Or, quand H' augmente, on trouve en réalité pour V' une valeur un peu inférieure à $\dfrac{VH}{H'}$.

Les gaz difficilement liquéfiables, comme l'oxygène, l'azote, l'hydrogène, suivent mieux la loi de Mariotte. L'hydrogène est toujours un peu moins compressible que ne l'indique la loi. L'azote est un peu plus compressible jusqu'à 125 atmosphères, puis, au-dessus, il devient un peu moins compressible.

Puisque la loi de Mariotte n'est pas rigoureusement exacte, faut-il ne pas en tenir compte?

En physique, les lois sont rarement rigoureuses, car il est impossible d'isoler complètement un phénomène et de le soustraire aux perturbations des autres phénomènes simultanés. La loi de Mariotte est suffisamment exacte d'ailleurs quand les pressions ne varient pas d'une très grande quantité.

Qu'appelle-t-on pression normale?

On est convenu d'appeler pression normale la pression exercée par une colonne de mercure de 76 centimètres de hauteur.

Connaissant le volume V et la pression H d'une masse gazeuse, que deviendra le volume V' à la pression normale?

On a :

$$V \times H = V' \times 76;$$

d'où

$$V' = \frac{V \times H}{76}.$$

Il faut évidemment que H soit aussi exprimée en centimètres. D'une façon générale, quand on applique au calcul la loi de Mariotte, il faut toujours que les unités de volumes se correspondent, ainsi que les unités de pressions.

Comment varient les poids spécifiques des gaz avec les pressions?

Soient P le poids d'une masse de gaz, V, H et D son volume, sa pression et son poids spécifique dans une première expérience, V', H' et D' son volume, sa pression et son poids spécifique dans une seconde expérience. On a :

$$P = V \times D = V' \times D'$$

et

$$V \times H = V' \times H'.$$

On en déduit :

$$\frac{D}{D'} = \frac{V'}{V} = \frac{H}{H'}.$$

Les poids spécifiques des gaz sont donc proportionnels aux pressions qu'ils supportent.

III. — Manomètres.

Qu'est-ce qu'un manomètre ?

Un instrument pour mesurer les pressions.

Quelle est l'unité de pression ?

Autrefois, c'était l'*atmosphère*, c'est-à-dire la pression exercée sur chaque centimètre carré de surface par une colonne de mercure ayant 76 centimètres de hauteur. Aujourd'hui, c'est le kilogramme, c'est-à-dire une pression de 1 kilogramme s'exerçant sur 1 centimètre carré de surface.

** Évaluez l'atmosphère en kilogrammes.*

L'atmosphère est le poids d'une colonne de mercure ayant 1 centimètre carré de base et une hauteur de 76 centimètres : c'est donc $1 \times 76 \times 13,6$ grammes ou 1033 grammes. L'atmosphère vaut donc 1 kilogramme 033 grammes, c'est-à-dire à peu près 1 kilogramme. Les deux unités diffèrent très peu l'une de l'autre.

** Quels sont les principaux manomètres ?*

Le baromètre, le manomètre à air libre, le manomètre à air comprimé et le manomètre métallique.

Comment le baromètre peut-il servir de manomètre ?

Le baromètre sert de manomètre quand on veut évaluer des pressions inférieures à la pression atmosphérique. Il suffit de clore hermétiquement la cuvette du baromètre et de la mettre en communication avec l'enceinte contenant le gaz dont on veut évaluer la pression. Le mercure baisse dans le baromètre et sa hauteur au-dessus du niveau dans la cuvette mesure la pression. Pour les très faibles pressions, on se sert du baromètre dit *tronqué*. C'est un baromètre à siphon, dont la grande branche n'a que 20 centimètres environ, en sorte que le mercure monte jusqu'au sommet à la pression ordinaire. Ce baromètre est enfermé dans une petite cloche qui communique avec le récipient dans lequel on fait le vide.

* *Qu'est-ce que le manomètre à air libre?*

C'est un tube de verre qui plonge verticalement dans une cuve à mercure, hermétiquement close, et communiquant avec le récipient contenant le gaz dont on veut mesurer la pression. La hauteur dont monte le mercure dans le tube au-dessus du niveau dans la cuve, mesure la pression en kilogrammes. On sait en effet que le mercure monte de 73^{cm},5, pour une augmentation de pression de 1 kilogramme. La pression est d'ailleurs sensiblement de 1 kilogramme, c'est-à-dire d'une atmosphère, quand le mercure est au même niveau dans le tube et dans la cuvette.

* *Comment trouve-t-on ce chiffre de 73^{cm},5?*

Soit x la hauteur du mercure qui représente une pression de 1 kilogramme. On a, en prenant le centimètre pour unité :

$$1 \times x \times 13,6 = 1000 ;$$

d'où

$$x = \frac{1000}{13,6} = 73^{cm},5.$$

* *Qu'est-ce que le manomètre à air libre de Regnault?*

C'est un manomètre à air libre qui diffère du précédent par sa construction. Il se compose d'un tube en forme d'U, dont les deux branches verticales sont parallèles et reliées par un tube horizontal. Le tube contient du mercure, dont les deux niveaux sont sur un même plan horizontal quand les deux branches communiquent librement avec l'atmosphère.

Mais, vient-on à mettre l'un des tubes en communication avec le récipient contenant le gaz dont on veut mesurer la pression (sa communication avec l'atmosphère étant interceptée pour cette branche seulement), on voit les deux niveaux du mercure se mettre sur des plans différents. La différence des niveaux, comptée verticalement, mesure la pression du gaz du récipient. Soient h cette différence des niveaux et H la pression atmosphérique en colonne de mercure. La pression est $H + h$, si le niveau le plus élevé se trouve dans la branche communiquant avec l'atmosphère; elle est $H - h$, si le niveau le plus élevé se trouve dans l'autre branche.

Pourquoi le manomètre de Regnault se nomme-t-il parfois voluménomètre?

Parce qu'il peut servir à mesurer le volume d'un corps. Mettons en communication l'un des tubes du manomètre avec un ballon contenant le corps, et pouvant communiquer aussi avec l'atmosphère par un robinet. Ce robinet étant ouvert, on verse du mercure dans le manomètre et les deux niveaux se mettent sur un même plan horizontal, puis on ferme le robinet; désignons par x le volume du corps et par V le volume du ballon et de la partie de la branche du manomètre comprise depuis le ballon jusqu'au niveau du mercure. On a donc enfermé un volume d'air $V - x$ à la pression atmosphérique H que donne le baromètre.

Versons maintenant du mercure dans la branche ouverte, de manière à établir une différence de niveau h, et soit v le volume dont l'air emprisonné a diminué. On a donc une même masse d'air, occupant le volume

$V - v - x$ à la pression $H + h$. D'après la loi de Mariotte, on a :

$$(V - x) H = (V - v - x) (H + h).$$

On tire de cette équation la valeur du volume x du corps.

* *Comment peut-on déterminer V et v?*

Le volume v est facile à déterminer, si l'on a eu soin de diviser le tube manométrique en centimètres cubes. Quant à V, on le détermine par une seconde expérience, identique à la première, mais en ne mettant aucun corps dans le ballon. Dans ce cas, $x = 0$, et l'équation précédente devient :

$$VH = (V - v) (H + h_1),$$

d'où l'on tire V. Il faut, dans cette seconde expérience, que les niveaux du mercure restent les mêmes que dans la première expérience, dans le tube communiquant avec le ballon. La différence des niveaux h_1 est alors seule variable.

* *Quels sont les corps dont il est intéressant de mesurer ainsi le volume?*

Les corps réduits à l'état de poudre.

* *Qu'est-ce que le manomètre à air comprimé?*

C'est un tube de verre, fermé à sa partie supérieure, contenant de l'air et qui plonge dans une cuve à mercure. Cette cuve est hermétiquement close et communique avec le récipient à gaz dont on veut mesurer la pression. Celle-ci est indiquée par la hauteur de la colonne de mercure qui monte dans le tube.

* *Quelle est la graduation du manomètre à air comprimé?*

On le gradue par comparaison avec un manomètre à air libre.

* *Peut-on le graduer par le calcul?*

Oui. Soient l la longueur du tube bien cylindrique,

s sa section, x la hauteur dont monte le mercure quand la pression devient nH atmosphères dans le récipient. Nous supposerons que la cuvette est assez large pour que le niveau du mercure y reste invariable. Quand la pression est 1 atmosphère, c'est-à-dire H, le niveau du mercure du tube coïncide avec celui de la cuvette. L'air du tube occupe donc un volume $s \times l$ à la pression H. Quand la pression devient nH, le mercure monte de x dans le tube, la même masse d'air occupe un volume $s(l - x)$ à la pression nH $- x$, car la pression nH fait équilibre à la colonne de mercure de hauteur x, plus à la pression de l'air dans le tube. On a donc l'équation

$$s \times l \times H = s (l - x) (n\mathrm{H} - x).$$

Cette équation est du second degré. Ses deux racines sont réelles; l'une est plus grande que l, l'autre inférieure. On ne prend que celle qui est inférieure à l, l'autre ne satisfaisant pas au problème. En donnant successivement à n les valeurs 2, 3, 4, etc., on obtient les points d'affleurement du mercure pour les différentes pressions correspondantes.

** Le manomètre à air comprimé est-il très employé?*

Non, car sa sensibilité décroît très vite quand les pressions augmentent. Il faut remarquer, en effet, que le volume de l'air comprimé dans le tube diminue très vite et que les divisions se rapprochent beaucoup quand les pressions deviennent fortes. Une erreur de quelques divisions correspond donc à une erreur considérable dans l'évaluation des pressions. Or cette erreur est inévitable, à cause de l'oxyde qui souille toujours la surface du mercure dans le tube.

** Quel est le manomètre le plus employé dans l'industrie?*

Le manomètre métallique de Bourdon, basé sur l'élasticité des tubes métalliques minces. Le gaz comprimé pénètre dans un tube courbé en forme d'U et écarte d'autant plus les deux branches que sa pression est plus considérable. Un système de leviers fait mouvoir une aiguille sur un cadran gradué.

* *Quelle est sa graduation?*

On le gradue par comparaison avec un manomètre à air libre.

IV. — Mélange des gaz.

* *Quel était le but de l'expérience de Berthollet?*

De voir comment se comportent les gaz qui sont mis en contact. Il trouva que ces gaz se mélangent intimement.

* *Quelle est la conséquence de cette expérience?*

On peut dès lors supposer que, dans un mélange de plusieurs gaz, chacun des gaz occupe à lui seul le volume tout entier.

* *Décrivez l'expérience de Berthollet.*

Il enferma de l'hydrogène et de l'acide carbonique dans deux ballons, à la pression atmosphérique. Pour cela, les gaz étaient d'abord enfermés à une pression légèrement supérieure à la pression atmosphérique; puis il ouvrait un instant les robinets, l'excès de gaz s'échappait et l'équilibre se faisait entre la pression intérieure du ballon et l'atmosphère. Il avait choisi l'hydrogène et l'acide carbonique parce que ces deux gaz ne réagissent pas chimiquement l'un sur l'autre et que leurs densités sont très différentes. Il vissa les deux ballons l'un sur l'autre, les descendit dans les caves de l'Observatoire de Paris, où la température est constante pendant toute l'année, et plaça le ballon à hydrogène au-dessus du ballon à acide carbonique. Au bout de quelques heures, quand il fut certain que les deux gaz étaient à la même température que celle de l'air ambiant, il ouvrit les deux robinets afin de mettre les deux gaz en contact. Quelques heures après, il referma ces robinets, fit l'analyse des gaz dans chacun des ballons, et constata qu'ils s'étaient intimement mélangés.

Pourquoi placer l'hydrogène au-dessus de l'acide carbonique?

Si l'acide carbonique, plus lourd que l'hydrogène, avait été placé au-dessus, le mélange se serait effectué naturellement.

Pourquoi attendre que les deux gaz fussent à la même température que l'air ambiant?

Si les températures avaient été différentes, il se serait établi des courants qui auraient produit le mélange.

Énoncez la loi de Dalton.

Quand on mélange plusieurs gaz ne réagissant pas chimiquement les uns sur les autres, la pression du mélange est égale à la somme des pressions de chacun des gaz, chacun d'eux étant considéré comme occupant le volume entier du mélange.

Plus simplement, que signifie cette loi?

Elle signifie que chacun des gaz, intimement mélangé aux autres, se comporte comme s'il était seul. Pour connaître la pression totale, il suffit donc de faire la somme des pressions partielles de chacun des gaz dans le mélange.

Pourquoi cette restriction : gaz ne réagissant pas chimiquement les uns sur les autres?

Si les gaz réagissent, il se produit des condensations qui modifient le volume total et, par suite, la pression.

Exprimez par une formule algébrique la loi de Dalton.

Soient des gaz ayant respectivement pour volumes et pour pressions correspondantes v et h, v' et h', v'' et h''. Mélangeons-les dans un vase de volume V. Soit x la pression qu'acquiert le premier gaz quand il est seul dans le mélange. On a :

$$v \times h = V \times x, \quad \text{d'où} \quad x = \frac{v \times h}{V}.$$

On a de même pour les autres gaz :

$$y = \frac{v' \times h'}{V} \quad \text{et} \quad z = \frac{v'' \times h''}{V}.$$

Or, d'après la loi de Dalton, on a, pour la pression totale H :

$$H = x + y + z;$$

d'où

$$H = \frac{v \times h}{V} + \frac{v' \times h'}{V} + \frac{v'' \times h''}{V}$$

ou

$$VH = vh + v'h' + v''h''.$$

V. — Machines pneumatiques.

Quel est l'inventeur de la machine pneumatique?

Otto de Guericke, de Magdebourg, au milieu du xviie siècle.

Décrivez la machine à un seul corps de pompe.

Elle se compose d'un corps de pompe, muni d'un piston plein. Sa base porte deux soupapes A et B. La soupape A s'ouvre intérieurement et communique avec le récipient dans lequel on veut faire le vide; la soupape B s'ouvre extérieurement et communique avec l'atmosphère.

Calculez la pression dans le récipient après n coups de piston.

Supposons le piston au bas de sa course. L'air contenu dans le récipient est à la pression initiale H_0 et son volume est R (R est le volume du récipient compris jusqu'à la soupape A). Quand on soulève le piston, A s'ouvre, poussée par l'air du récipient, et B se ferme, poussée par la pression atmosphérique. L'air du récipient pénètre dans le corps de pompe, de volume V. La même masse d'air occupe maintenant le volume $R + V$ à la pression H_1. Donc on a :

$$R \times H_0 = (V + R) H_1.$$

Quand on abaisse le piston, A se ferme et B s'ouvre au moment où la pression de l'air devient égale à la pression atmosphérique dans le corps de pompe. Finalement, tout l'air du corps de pompe est expulsé dans l'atmosphère, mais la pression n'a pas changé dans le récipient, A restant fermée. Si l'on soulève une seconde fois le piston, tout se passe comme précédemment, sauf que H_0 est maintenant devenue H_1 et que H_1 est devenue H_2. On a donc :

$$R \times H_1 = (V + R) H_2.$$

En remplaçant H_1 par sa valeur, tirée de la première équation, on a :

$$H_2 = H_0 \times \left(\frac{R}{R + V} \right)^2.$$

En continuant ainsi, de proche en proche, on a :

$$H_n = H_0 \times \left(\frac{R}{R + V} \right)^n.$$

Au bout de combien de coups de piston aura-t-on fait le vide complet ?

Il est impossible de faire le vide absolu, car la machine n'enlève, à chaque coup de piston, qu'une fraction de l'air contenu dans le récipient. Le calcul arrive au même résultat. La dernière équation peut s'écrire, en divisant les deux termes de la fraction par R :

$$H_n = H_0 \times \frac{1}{\left(1 + \frac{V}{R}\right)^n}.$$

Or, pour que $H_n = 0$, il faut que n devienne infini. Cela signifie que H_n ne devient jamais pratiquement nul.

Pourquoi est-il nécessaire que la soupape A soit soulevée automatiquement par une tige passant à frottement dur à travers le piston?

Parce qu'il arrive un moment où l'air du récipient acquiert une pression si faible qu'il deviendrait incapable de soulever de lui-même cette soupape.

Est-il nécessaire aussi d'abaisser automatiquement la soupape B?

Non, car le piston, en s'abaissant, finit toujours par donner à l'air du corps de pompe une tension suffisante pour abaisser la soupape B et vaincre la pression atmosphérique.

Comment sont construites les soupapes?

Ce sont des soupapes coniques; c'est-à-dire qu'une soupape se compose d'un tronc de cône en caoutchouc qui s'engage dans une ouverture également en forme de tronc de cône. Plus la pression augmente, et plus la fermeture devient hermétique.

** Quel est l'effort à vaincre pour soulever le piston?*

Supposons qu'on ait donné n coups de piston. La pression sous le piston est donc

$$H_n = H_0 \times \left(\frac{R}{R+V}\right)^n;$$

la pression sur le piston est la pression atmosphérique H. En appelant S la surface du piston, l'effort à vaincre est donc :

$$S \times H \times 13,6 - S \times H_n \times 13,6$$

ou

$$S \times 13,6 (H - H_n).$$

** Cet effort est-il considérable?*

Oui, si la surface du piston est considérable. Supposons, en effet, pour fixer les idées, que le vide soit presque complet. Dans ce cas, $H_n = 0$, et l'on a, comme effort, $S \times 13,6 \times H$.

Or, si $S = 1$ décimètre, $H = 760$ millimètres, cette quantité est égale, en prenant le décimètre pour unité, à $1 \times 13,6 \times 7,6 = 103$ kilogrammes.

** Quelle conséquence en tirer par rapport à la construction de la machine?*

Il faut que le piston soit de faible surface, sinon l'effort à vaincre deviendrait trop considérable.

La machine pneumatique n'est-elle pas aussi une machine à compression?

Si; il suffit pour cela de faire communiquer la soupape A avec l'air atmosphérique et la soupape B avec un récipient où l'on veut comprimer l'air.

Calculez la pression de l'air comprimé au bout de n coups de piston.

Supposons le piston au sommet de sa course. Le corps de pompe renferme un volume d'air V à la pression atmosphérique H. Abaissons le piston. L'air, comprimé dans le corps de pompe, ferme immédiatement la soupape A et ouvre la soupape B quand sa pression devient égale à la pression que possède le gaz contenu dans le récipient. Finalement, quand le piston est arrivé au bas de sa course, tout l'air du corps de pompe a pénétré dans le récipient. Il occupe le volume de ce récipient R, à la pression x. On a donc :

$$VH = Rx, \quad \text{d'où} \quad x = H \times \frac{V}{R}.$$

Quand on soulève le piston, A se soulève, poussée par la pression atmosphérique, et le corps de pompe se remplit de nouveau d'air à la pression H; B se ferme, poussée par l'air comprimé dans le récipient. Un nouveau coup de piston va donc agir exactement comme le premier et introduire dans le récipient une même masse d'air à la pression $x = H \times \frac{V}{R}$. La pression dans le récipient sera donc, au bout de n coups de piston :

$$H_n = H_0 + nH\frac{V}{R},$$

H_0 étant la pression initiale dans le récipient.

Qu'appelle-t-on espace nuisible ?

C'est l'espace resté libre entre la base du corps de pompe et la base du piston quand celui-ci est arrivé au bas de sa course.

Quelle est l'influence de l'espace nuisible sur le vide que peut atteindre la machine pneumatique ?

La machine ne peut dépasser une limite de pression qu'il est facile de calculer.

Faites ce calcul.

Quand le piston est au sommet de sa course, le corps de pompe contient un volume d'air V à la pression H_n (on suppose qu'on a donné n coups de piston). Quand on abaisse le piston, on comprime cette masse d'air et la soupape B s'ouvre quand la pression devient égale à la pression atmosphérique H. Il arrive un moment où cet air comprimé s'accumule dans l'espace nuisible de volume u à la pression H. On a donc :

$$V \times H_n = u \times H, \quad \text{d'où} \quad H_n = H \times \frac{u}{V}.$$

A partir de ce moment, la soupape B ne s'ouvre plus et la machine cesse de fonctionner. $H \times \dfrac{u}{V}$ est donc la limite de pression qu'on ne peut dépasser.

Quelles conditions doit remplir une bonne machine pneumatique?

Une machine pneumatique sera d'autant meilleure que H_n sera plus petit; il faut donc que u soit le plus petit possible et V le plus grand possible.

Quelle est, en tenant compte de l'espace nuisible, la limite de compression que peut donner la machine?

Supposons le piston au sommet de sa course. Le corps de pompe contient un volume d'air V à la pression atmosphérique H. Abaissons le piston et supposons la soupape B toujours fermée : la masse d'air s'accumule dans l'espace nuisible de volume u à la pression x. On a :

$$V \times H = u \times x, \quad \text{d'où} \quad x = H \times \frac{V}{u}.$$

Or nous savons que la soupape B ne s'ouvre que si x est supérieur à la pression de l'air contenu dans le récipient. Donc, la soupape cessera de s'ouvrir et la machine de fonctionner quand la pression dans le récipient sera devenue $H \times \dfrac{V}{u}$. Telle est la limite de compression.

La machine sera d'autant meilleure que cette limite sera plus grande, c'est-à-dire que V sera plus grand et u plus petit. C'est le même résultat déjà obtenu précédemment.

Comment mesure-t-on la pression atteinte avec la machine pneumatique?

Au moyen d'un baromètre à siphon tronqué, contenu dans une éprouvette où le vide se fait en même temps que dans le récipient.

Qu'est-ce que la machine pneumatique à deux corps de pompe?

Tout simplement une machine composée de deux corps de pompe communiquant avec le récipient dans lequel on veut faire le vide. Les pistons sont reliés par des tiges à un levier qui fonctionne comme une balance, c'est-à-dire qu'un piston s'abaisse quand l'autre se relève et réciproquement. La soupape de sortie B, au lieu d'être placée à la base du corps de pompe, est placée dans le piston.

** Quel avantage présente cette machine sur la machine à un seul corps de pompe?*

L'effort à vaincre pour la faire fonctionner est presque nul. Tout se passe en effet comme dans une balance où, quels que soient les poids égaux placés sur les plateaux, le fléau oscille avec la même facilité. Les forces qui agissent aux deux extrémités du fléau sont

$$S \times 13,6 \times (H - H_n)$$

d'un côté, et

$$S \times 13,6 \times (H - H_{n-1})$$

de l'autre. Or, surtout quand le vide est déjà presque complet, les pressions H_n et H_{n-1} sont presque égales; donc les deux forces sont aussi sensiblement égales. D'où il suit que c'est l'axe de rotation du levier qui supporte tout l'effort.

En quoi consiste le perfectionnement de Babinet?

Babinet, par une modification très légère apportée à la machine pneumatique à deux corps de pompe, est parvenu à reculer considérablement la limite du vide $\Pi \times \frac{u}{V}$. Désignons par M et N les deux corps de pompe.

Dans les conditions ordinaires, M et N communiquent avec le récipient dans lequel on fait le vide. Quand on a obtenu la pression limite, on rompt les communications de N avec le récipient, en sorte que M fait seul maintenant le vide dans ce récipient; mais, en même temps, N est mis en communication directement avec M, en sorte que N sert à faire le vide dans M.

Pourquoi ce dispositif permet-il de reculer la limite du vide?

Supposons que M fasse seul le vide dans le récipient. Quand la limite du vide est atteinte, il n'y a plus d'air qui passe du récipient dans le corps de pompe, au moment où le piston atteint le sommet de sa course, et cela parce qu'il n'y a plus de gaz expulsé du corps de pompe pendant que le piston s'abaisse. Or, dans le dispositif de Babinet, N fait le vide dans M pendant que la soupape A est fermée et que le piston s'abaisse. Il en résulte que, au moment où le piston de M remonte et que A s'ouvre, la pression dans M est inférieure à celle du récipient et une nouvelle quantité de gaz passe du récipient dans le corps de pompe. La nouvelle limite du vide est atteinte quand le corps de pompe N cesse lui-même de fonctionner.

VI. — Pompes.

Y a-t-il une différence entre la pompe à eau et la machine pneumatique?

Aucune. De même que la machine pneumatique aspire le gaz par la soupape A pour le refouler par la soupape B, de même la pompe à eau aspire l'eau par A et la refoule par B.

Les soupapes sont-elles aussi coniques dans les pompes à eau?

Oui, quand il s'agit d'obtenir de fortes pressions d'eau. Mais, dans les cas ordinaires, on se sert de *clapets*, c'est-à-dire de simples disques obturateurs. Les portes et les fenêtres des appartements sont de véritables clapets.

Décrivez la pompe dite aspirante et foulante.

C'est exactement la machine pneumatique. Les soupapes A et B sont percées à la base du corps de pompe. A, qui s'ouvre intérieurement, communique par un tube avec le récipient contenant le liquide à soulever; B, qui s'ouvre extérieurement, communique par un tube avec le récipient dans lequel on veut transvaser le liquide.

Quel est son fonctionnement?

Au début, la pompe agit comme machine pneumatique et enlève l'air contenu dans le tuyau d'aspiration et dans le corps de pompe. Poussée par la pression atmosphérique, l'eau du puits ou du récipient envahit donc complètement le tuyau d'aspiration et le corps de pompe. A ce moment, on dit que la pompe est amorcée.

Quand on soulève le piston, A s'ouvre, poussée par la colonne d'eau du tuyau d'aspiration, elle-même poussée par la pression atmosphérique, et B se ferme, poussée par l'eau comprimée dans le récipient où s'accumule le liquide.

Quand on abaisse le piston, A se ferme, poussée par l'eau comprimée dans le corps de pompe, et B s'ouvre quand la pression dans le corps de pompe devient égale à celle de l'eau déjà comprimée dans le tuyau d'élévation. Tout le liquide contenu dans le corps de pompe passe donc par ce tuyau dans le récipient.

Le tuyau d'élévation peut-il avoir une hauteur aussi grande qu'on veut?

Non, car il est limité par la hauteur de la colonne

d'eau que la pression atmosphérique peut soulever. Cette colonne d'eau est soumise à la pression atmosphérique à sa partie inférieure, et, à sa partie supérieure, à la tension de la vapeur émise par le liquide dans le corps de pompe. La hauteur limite du tuyau d'aspiration est donc la différence entre ces deux pressions, toutes deux exprimées en fonction du liquide soulevé.

La pompe aspirante et foulante peut-elle faire monter le liquide aussi haut qu'on veut?

Oui; il suffit d'agir sur le piston, au moment de sa descente, avec une force capable de communiquer au liquide comprimé dans le corps de pompe une pression égale à celle du liquide comprimé dans le tuyau d'élévation. La limite à laquelle on peut soulever ou comprimer le liquide est donc celle de la force de la machine qui fait fonctionner la pompe.

Indiquez deux pompes aspirantes et foulantes remarquables.

La pompe à incendie et la presse hydraulique.

Décrivez la pompe à incendie.

C'est une pompe aspirante et foulante qui refoule l'eau dans un réservoir clos et contenant de l'air. Il en résulte que l'air, comprimé fortement au-dessus de l'eau, chasse avec violence ce liquide et d'une manière continue par le tube d'échappement qui plonge au fond du réservoir.

Décrivez la presse hydraulique.

C'est une pompe aspirante et foulante qui refoule l'eau dans un cylindre de grand diamètre, muni d'un piston qui sert à comprimer les objets contre une plaque fixe. Ce cylindre communique par un tube avec un manomètre métallique de Bourdon qui indique la pression atteinte.

Qu'est-ce que le cuir embouti?

La presse hydraulique était incapable de fonctionner parce que le liquide filtrait toujours entre le piston et les parois du corps de pompe. L'ingénieur anglais Bramah, au début de ce siècle, empêcha complètement ces fuites d'eau, en intercalant une rigole de cuir embouti, c'est-à-dire relevé aux deux bords, entre le piston et les parois du cylindre. L'eau comprimée presse donc les bords du cuir et empêche toute fuite.

Qu'est-ce que le perfectionnement de Desgoffe?

Il arrive un moment où la machine qui agit sur le piston de la pompe aspirante et foulante n'a plus assez de force pour pousser ce piston. A ce moment, on enfonce une tige, au moyen d'une vis, dans l'intérieur du grand cylindre, ce qui a pour effet d'accroître encore la pression.

Décrivez la pompe dite aspirante.

La soupape d'aspiration A est toujours à la base du corps de pompe, mais la soupape B de refoulement est logée dans le piston. L'eau sort par une ouverture o, située vers la partie supérieure du corps de pompe. Cette pompe agit aussi d'abord comme machine pneumatique, aspire l'air du tuyau d'aspiration et du corps de pompe, en sorte que la pompe se trouve bientôt amorcée.

Quand le piston se soulève, la soupape A se lève, poussée par l'eau du tuyau d'aspiration, elle-même poussée par la pression atmosphérique qui s'exerce sur l'eau du puits ; la soupape B se ferme, poussée par l'eau qui se trouve au-dessus du piston et par la pression atmosphérique. Le piston, en montant, soulève l'eau qui se déverse par l'orifice o.

Quand le piston s'abaisse, A se ferme, B s'ouvre, par suite de la pression exercée par le piston sur l'eau du corps de pompe; cette eau ne fait alors que passer du dessous au dessus du piston, sans aucun effort, c'est-

4.

à-dire que tout se passe comme si le piston descendait à travers l'eau contenue dans le corps de pompe.

A quelle hauteur cette pompe peut-elle soulever l'eau?

Aussi haut qu'on veut, comme dans la pompe aspirante et foulante. Il suffit pour cela d'allonger suffisamment le haut du corps de pompe et de placer l'ouverture o à une hauteur suffisante. En réalité, on se borne, dans la pratique, à placer l'ouverture o un peu au-dessus du point atteint par le piston au maximum de sa course.

** Calculez l'effort nécessaire pour soulever le piston.*

Prenons le piston en un point quelconque de sa course ascendante. Soient h la distance verticale du piston à l'ouverture d'écoulement o, h' la distance verticale du piston au niveau de l'eau dans le puits, S la section du piston, H la pression atmosphérique évaluée en eau. La pression exercée sur le haut du piston par la pression atmosphérique et la colonne d'eau de hauteur h est $S(H+h)$; la pression exercée sur le bas du piston est $S(H-h')$, car il faut retrancher de la pression atmosphérique la pression de la colonne d'eau de hauteur h' qui est de sens opposé à la pression atmosphérique. L'effort à vaincre pour soulever le piston est donc

$$S(H+h) - S(H-h') = S(h+h').$$

Il est par suite égal au poids d'une colonne d'eau ayant pour base la section du piston et pour hauteur la distance verticale depuis la surface de l'eau du puits jusqu'à l'orifice d'écoulement.

Y a-t-il une différence, au point de vue théorique, entre la pompe aspirante et la pompe aspirante et foulante?

Aucune; c'est simplement une différence de mode de construction et d'emplacement de la soupape de compression (1).

____

(1) Le travail pour soulever l'eau est le même dans les deux pompes; seulement, tandis que la pompe aspirante ne travaille que pendant la montée

VII. — Siphon.

Qu'appelle-t-on siphon?

Un tube, de forme absolument quelconque, dont les deux orifices se trouvent à des niveaux différents.

En quoi consiste le problème dit du siphon?

Étant donné un siphon complètement rempli ou amorcé avec un liquide de poids spécifique d, trouver par quel orifice s'écoulera ce liquide. Les pressions reçues par le liquide aux deux orifices, calculées en fonction de ce même liquide, sont respectivement P et P'.

Résolvez ce problème.

Désignons par h et h' les distances comptées verticalement depuis les orifices A et B jusqu'au plan horizontal mené par le point culminant du siphon. La pression par unité de surface à l'orifice A est P — h; elle est, à l'orifice B, P' — h'. L'écoulement aura lieu du côté où cette pression est la plus faible.

Faites une application de ce problème au cas où le siphon est simplement dans l'atmosphère.

Dans ce cas particulier, on a : P = P' = H, H étant la pression atmosphérique évaluée toujours en colonne du liquide contenu dans le siphon. La pression en A est H — h; la pression en B est H — h'. L'écoulement aura donc lieu du côté de l'ouverture située au niveau le plus bas, puisque dans ce cas h' est plus grand que h et, par suite, H — h' plus petit que H — h (on a supposé l'orifice B inférieur à A).

Faites une application de ce problème au cas où l'une des branches du siphon plonge dans un vase plein d'eau.

Le problème est le même que le précédent. Sup-

du piston, la pompe aspirante et foulante travaille à la montée et à la descente du piston.

posons que ce soit la branche A qui plonge dans l'eau. Dans ce cas, h désigne la distance verticale comptée depuis le niveau du liquide dans le vase jusqu'au point culminant du siphon. L'écoulement sera continu tant que h sera inférieur à h', car la pression atmosphérique qui s'exerce sur le niveau de l'eau du vase pousse constamment cette eau dans le siphon pour combler le vide que l'écoulement y produit. La vitesse de l'écoulement ira en diminuant à mesure que le niveau s'abaissera dans le vase et deviendra nulle quand h égalera h', c'est-à-dire quand ce niveau sera sur le plan horizontal passant par l'ouverture d'écoulement.

Faites une application de ce problème au cas où les deux branches du siphon plongent dans deux vases pleins d'eau.

Dans ce cas, h et h' représentent les distances verticales des niveaux des vases au point culminant du siphon. L'écoulement aura lieu tant que h' sera supérieur à h. Il deviendra nul quand les liquides seront sur un même plan horizontal dans les deux vases.

Comment fait-on pour amorcer le siphon quand on doit transvaser des liquides corrosifs ou vénéneux?

On a imaginé bien des dispositifs. Le plus simple consiste à fermer les branches du siphon à l'aide de robinets et à les remplir par une ouverture placée au point culminant, qu'on ferme ensuite au moyen d'un robinet. Il suffit alors d'ouvrir les robinets inférieurs pour actionner le siphon.

Qu'est-ce que le vase de Tantale et les sources intermittentes?

Ce sont des vases artificiels ou naturels, qu'on remplit peu à peu d'eau. Ces vases contiennent un siphon qui s'amorce seul quand le niveau du liquide atteint le point culminant de ce siphon. Il se produit alors un écoulement qui vide le vase.

VIII. — Aérostats.

Qu'est-ce qu'un aérostat ou ballon?

Un corps plus léger que l'air qu'il déplace, et capable par suite de s'élever dans l'atmosphère.

Qu'appelle-t-on force ascensionnelle d'un ballon?

C'est la force avec laquelle il tend à s'élever. C'est donc la différence entre le poids de l'air déplacé par le ballon et le poids du ballon.

De quoi se compose le poids d'un ballon ?

Du poids *mort*, c'est-à-dire du poids de tout ce qui peut être pesé sur une balance, et du poids du gaz qu'il contient (ce dernier poids est obtenu en faisant le produit du volume du gaz par son poids spécifique).

Faites le calcul de sa force ascensionnelle.

Soient V le volume du ballon, P son poids mort, d le poids spécifique de l'air par rapport à l'eau au lieu où se trouve le ballon, d' le poids spécifique, par rapport à l'eau, du gaz que contient le ballon. La force ascensionnelle est $V \times d - P - V \times d'$.

Faut-il qu'un ballon soit complètement plein de gaz au moment du départ?

Non, car à mesure que le ballon s'élève dans l'atmosphère, il pénètre dans des couches d'air où la pression diminue de plus en plus. Le gaz contenu dans l'intérieur du ballon se dilate alors de plus en plus, gonfle l'enveloppe et peut finir par la crever. Il faut donc ne pas complètement gonfler le ballon au départ, de manière à laisser au gaz intérieur assez d'espace pour se dilater sans exercer une pression trop considérable sur l'enveloppe. Faute de cette précaution indispensable, les premiers ballons se sont crevés et ont causé la mort des aéronautes.

** Prouvez que la force ascensionnelle d'un ballon reste constante tant qu'il n'est pas entièrement gonflé.*

La force ascensionnelle est $F = V \times d - P - V \times d'$ au départ, V étant le volume du ballon non entièrement gonflé, d et d' les poids spécifiques de l'air et du gaz dans le lieu de départ où la pression atmosphérique est H. Le ballon monte et arrive en un lieu où la pression atmosphérique est H_1.

On a : $F_1 = V_1 \times d_1 - P - V_1 \times d'_1$, V_1 étant le nouveau volume du ballon, d_1 et d'_1 les poids spécifiques de l'air et du gaz dans ce lieu.

Or nous savons que les poids spécifiques des gaz sont proportionnels aux pressions ; donc,

$$\frac{d_1}{d} = \frac{H_1}{H} \quad \text{et} \quad \frac{d'_1}{d'} = \frac{H_1}{H}$$

(le ballon n'étant pas gonflé entièrement, la pression intérieure est toujours égale à la pression extérieure).

D'autre part, les volumes de la masse gazeuse intérieure sont en raison inverse des pressions ; donc,

$$\frac{V_1}{V} = \frac{H}{H_1}.$$

On en déduit :

$$F_1 = V \times \frac{H}{H_1} \times d \times \frac{H_1}{H} - P - V \times \frac{H}{H_1} \times d' \times \frac{H_1}{H}$$

ou

$$F_1 = Vd - P - Vd' = F.$$

On a négligé, dans ce raisonnement, le volume de l'air déplacé par les corps non gazeux composant le ballon.

Quels sont les inventeurs des ballons ?

Les frères Montgolfier, d'Annonay, en 1780. Leur ballon fut gonflé avec de l'air chaud, plus léger que l'air froid extérieur. Ils se servirent aussi les premiers de l'hydrogène, qui est quatorze fois plus léger que l'air.

Comment fait-on pour s'élever davantage dans l'air?

On jette une partie du sable contenu dans la nacelle (ce sable se nomme *lest*). La force ascensionnelle augmente en effet, puisque P diminue.

Comment fait-on pour descendre?

On ouvre une soupape, située à la partie supérieure du ballon, de manière à laisser échapper une partie du gaz qui est remplacé par de l'air.

Comment fait-on pour savoir si l'on monte ou si l'on descend?

On consulte le baromètre qu'on emporte avec soi. La pression monte si l'on descend, et descend si l'on monte.

Comment connaît-on la hauteur à laquelle on s'élève?

Encore au moyen du baromètre. Si les hauteurs ne sont pas très considérables et ne dépassent pas 1200 mètres, on se sert de la formule de Babinet :

$$X = 16\,000^{m} \left[1 + \frac{2(T + t)}{1000} \right] \frac{H - h}{H + h}.$$

X représente la hauteur à laquelle on s'élève, H et h les pressions barométriques observées au moment du départ et au point culminant, T et t les températures observées également dans ces deux stations.

Si la hauteur atteinte est plus élevée, on se sert d'une formule plus compliquée, donnée par Laplace :

$$X = 18\,393^{m}\,(1 + 0,002837 \cos 2\lambda) \left[1 + \frac{2(T + t)}{1000} \right] \log \frac{H}{h}.$$

λ est la latitude du lieu.

Ayant effectué une pesée au moyen d'une balance exacte, trouvez le poids vrai du corps, en tenant compte de la poussée de l'air.

Soient P les poids gradués qui font équilibre au corps dans l'air. La lecture de P ne serait vraie que si les poids gradués étaient dans le vide. En réalité, étant plongés dans l'air, leur poids vrai est $P - \dfrac{P}{d} \times a$, d étant le poids spécifique du métal qui compose les poids et a le poids spécifique de l'air par rapport à l'eau.

Soit X le poids du corps auquel on a fait équilibre. Son poids dans l'air est de même $X - \dfrac{X}{d'} \times a$, d' étant son poids spécifique. Or, puisqu'il y a équilibre dans l'air, on a :

$$P - \frac{P}{d} \times a = X - \frac{X}{d'} \times a,$$

équation qui donne X.

CHALEUR

I. — Dilatation des corps par la chaleur. Thermomètres.

Quel est le phénomène qui sert à définir la température d'un corps?

C'est la variation de volume d'un corps sous l'influence de la chaleur. Quand le volume reste invariable, on dit que la température reste constante; quand il augmente ou diminue, on dit que la température du corps augmente ou diminue.

A quoi reconnaît-on que la température d'un corps A est supérieure, inférieure ou égale à celle d'un corps B?

Si le volume du corps A, mis en contact avec le corps B, demeure constant, on dit que A et B sont à la même température. Si A diminue de volume et que B augmente, on dit que A est à une température supérieure à celle de B; c'est le contraire si le volume de A augmente et que celui de B diminue.

Que signifient les expressions chaud et froid?

Elles ne signifient rien : il faut dire seulement plus chaud ou plus froid. Si la température de A est supérieure à celle de B, on dit que A est plus chaud que B et que B est plus froid que A. Dire que A est chaud et que B est froid n'a pas de signification précise.

Quel est le phénomène qui sert de base à la construction d'un thermomètre?

La dilatation des corps par la chaleur.

Qu'est-ce qu'un thermomètre ?

C'est un corps quelconque, de volume très petit par rapport au volume du corps dont on veut mesurer la température, et qu'on met en contact intime avec ce dernier. Le thermomètre se met bientôt en équilibre de température avec le corps, et ses variations de volume servent à mesurer les variations de température.

Pourquoi faut-il absolument que le thermomètre soit d'une masse très petite par rapport à celle du corps dont on veut mesurer la température ?

Pour que la chaleur cédée par le corps au thermomètre soit négligeable et ne puisse modifier la température du corps.

Quelle est la définition du degré thermométrique ?

On appelle 0 degré la température de la glace qui fond et 100 degrés celle de l'eau bouillant à la pression de 760 millimètres de mercure. On appelle degré thermométrique la centième partie de l'accroissement de volume du thermomètre quand sa température varie de 0 degré à 100 degrés.

Que signifie cette expression : la température d'un corps est de n degrés ?

Cela signifie que le thermomètre, mis en contact avec le corps et primitivement à la température de $0°$, éprouve une augmentation de volume égale à n degrés, c'est-à-dire à n fois la centième partie de l'augmentation de volume qu'il éprouverait en passant de $0°$ à $100°$.

Quelles sont les conditions que doit remplir la substance qui sert à construire un thermomètre ?

Cette substance doit : $1°$ se mettre très vite en équilibre de température avec le corps, ce qui exige que la substance conduise bien la chaleur ou soit très mobile ; $2°$ se dilater beaucoup pour que le thermomètre soit sensible ; $3°$ se dilater très régulièrement pour que les quantités de chaleur soient proportionnelles aux degrés de température et pour que tous les thermomètres soient comparables entre eux.

Quelles sont les meilleures substances thermométriques?

Ce sont les gaz difficiles à liquéfier, comme l'oxygène, l'azote, l'air, l'hydrogène, car ils se dilatent vite, beaucoup et très régulièrement. L'hydrogène est le meilleur, car c'est le gaz qui conduit le mieux la chaleur et le plus difficile à liquéfier.

Pourquoi faut-il que le gaz soit difficile à liquéfier?

Parce que les corps ne se dilatent régulièrement que si leur température est éloignée de leurs points de solidification ou d'ébullition, c'est-à-dire que dans des limites comprises entre leurs changements d'état. Or, quand un gaz est difficile à liquéfier, c'est qu'on se trouve, du moins pour les températures ordinaires, très loin de son point de liquéfaction.

Les corps solides sont-ils bons?

Non, car ils se dilatent peu et surtout très irrégulièrement. Ils ont cependant l'avantage de se dilater très vite, quand ils sont métalliques.

Dans quels cas se sert-on des thermomètres solides?

Seulement dans l'industrie, et dans le cas des températures très élevées des fours. Les principaux sont le pyromètre à cadran et le pyromètre de Wedgwood.

Les corps liquides sont-ils bons?

Oui, surtout si, comme le mercure, le liquide conduit bien la chaleur; mais ils ne peuvent être utilisés qu'entre de faibles limites comprises entre leurs points de solidification et d'ébullition. Pour le mercure, ces points sont — 40° et 360°; le mercure pourra donc servir seulement pour les températures un peu inférieures à 0° et ne dépassant guère 100°. L'alcool ne se solidifie qu'à une très basse température, mais entre en ébullition avant 100°. Le thermomètre à alcool ne pourra donc servir que pour les basses températures. De plus, l'alcool conduisant mal la chaleur, l'équilibre de température est lent à se produire.

Quelles sont les substances les plus employées ?

Les thermomètres à gaz sont les seuls bons, mais leur usage est difficile. On a donc avantage à se servir de thermomètres à mercure ou à alcool, mais à la condition, quand on dépasse les limites où les dilatations sont régulières, de les graduer par comparaison avec un thermomètre à gaz.

Quelle est la construction du thermomètre à mercure ou à alcool ?

On prend un tube de verre très fin et parfaitement calibré, afin que les divisions soient bien égales et représentent des volumes égaux. On souffle un réservoir à l'une des extrémités. La capacité du réservoir doit être très grande par rapport au volume de la tige, ce qui donne une grande dimension à chaque division. On chauffe légèrement le réservoir, puis on plonge la tige dans du mercure. L'air du réservoir se contracte par refroidissement, et, la pression diminuant, un peu de mercure monte, poussé par la pression atmosphérique. On fait bouillir le mercure qui est entré, de manière à chasser complètement l'air du réservoir au moyen des vapeurs de mercure. On plonge de nouveau le tube dans le mercure, les vapeurs se condensent et, le vide étant complet, tout le réservoir se remplit, ainsi que le tube. On opère de même avec l'alcool.

Comment gradue-t-on le thermomètre à mercure ?

Il faut d'abord chasser l'excès de mercure. Pour cela, on chauffe le thermomètre à une température un peu supérieure à la température maximum qu'il doit marquer. L'excès de mercure se déverse. On laisse la température s'abaisser un peu, de manière à faire baisser un peu la colonne de mercure dans le tube, qu'on ferme ensuite au chalumeau.

Pourquoi ce mode de procéder pour fermer le tube?

Pour empêcher la rentrée de l'air; sinon, si le tube était plein d'air, la pression deviendrait trop grande quand la colonne monterait et le réservoir serait brisé. La présence d'un peu d'air n'altère pas d'ailleurs la valeur de l'ascension du mercure dans le tube.

Comment détermine-t-on le degré 0?

En plongeant le thermomètre dans la glace fondante. Il faut que la glace ne nage pas dans l'eau de fusion. Il convient donc de mettre la glace dans un vase muni d'une ouverture d'écoulement, par exemple un simple entonnoir.

Comment détermine-t-on le degré 100?

En plongeant le thermomètre dans la vapeur d'eau bouillante à la pression de 760 millimètres. Il ne faut pas le plonger dans l'eau elle-même, car la nature et les aspérités du vase influent sur la température de l'eau, mais non sur celle de la vapeur. Il convient de se servir d'une chaudière à double circulation de vapeur.

Peut-on déterminer le degré 100 quand la pression atmosphérique n'est pas 760 millimètres?

On ne détermine plus alors le degré 100, mais le degré d'ébullition de la vapeur à la pression H. Wollaston a montré que la température s'abaisse d'un degré chaque fois que la pression s'abaisse de 27 millimètres. La correction est donc facile.

Qu'est-ce que le degré centigrade?

C'est l'intervalle obtenu sur le tube quand on divise l'intervalle compris entre 0° et 100° en cent parties égales. Tous les savants ont décidé de se servir uniquement du degré centigrade.

Qu'est-ce que le degré Réaumur?

C'est l'intervalle obtenu quand on divise la même

longueur en 80 parties égales. Au lieu de 100, on marque 80 degrés.

Que vaut un Réaumur en centigrades ?

$$100\ C = 80\ R; \quad 1\ C = \frac{80}{100}\ R.$$

Réciproquement,

$$1\ R = \frac{100}{80}\ C.$$

Qu'est-ce que le degré Fahrenheit?

C'est l'intervalle obtenu en divisant la même longueur en 180 parties égales. Au lieu de 0°, on marque 32°; au lieu de 100°, on marque 212°.

Convertissez n degrés centigrades en Fahrenheit.

100 C = 180 F (pour la partie du F comprise entre les divisions 32 et 212).

Donc $n\ C = n\ \dfrac{180}{100}\ F$, auxquels il faut ajouter les 32° qui précèdent le 0.

Convertissez n degrés Fahrenheit en centigrades.

Retranchons d'abord 32° pour ramener au 0 du centigrade.

$$180\ F = 100\ C; \quad \text{donc}\ n - 32\ F = (n - 32) \times \frac{100}{180}\ C.$$

Quelle est la graduation du thermomètre à alcool?

On détermine le 0° par la glace fondante. On plonge ensuite dans un même liquide le thermomètre à alcool et un thermomètre à mercure. Soit n le degré marqué par le thermomètre à mercure. On marque n au point d'affleurement de l'alcool et on divise l'intervalle compris entre 0 et n en n parties égales qu'on prolonge.

Pourquoi ne pas déterminer le degré 100 comme pour le thermomètre à mercure?

Le thermomètre étant un vase clos, l'alcool ne pour-

rait pas bouillir à 100° et son niveau se déterminerait
à 100° comme pour le mercure ; mais les divisions seraient fausses, car l'alcool ne se dilate plus régulièrement aux températures voisines du point d'ébullition.

Qu'est-ce que le déplacement du zéro ?

Quand le réservoir de verre se dilate souvent, le
verre éprouve des changements moléculaires et la capacité du réservoir se modifie lentement. Il en résulte
que le zéro n'est plus à sa place normale et que les
indications sont fausses. Il faut donc assez souvent
déterminer par la glace fondante la vraie position du
zéro sur l'échelle. Si ce zéro est à la division 3, par
exemple, il faudra retrancher 3° à chaque lecture.

Qu'est-ce que le thermomètre à maxima ?

C'est un thermomètre à mercure, couché presque
horizontalement, mais dont le tube capillaire est obstrué
à son entrée dans le réservoir par une petite perle
ou un étranglement. Le mercure peut pénétrer dans
le tube, mais ne peut en ressortir, en sorte que l'on a
toujours la plus haute température atteinte par le
thermomètre. Pour le remettre en état, il suffit de
le placer verticalement et de frapper un coup sec, ce
qui oblige le mercure du tube à tomber dans le réservoir.

Qu'est-ce que le thermomètre à minima ?

C'est un thermomètre à alcool, dans la tige duquel
on a introduit un petit cylindre en émail. Le thermomètre doit être placé presque horizontalement. Le cylindre est toujours entraîné par l'alcool descendant par
un effet de capillarité, mais il ne peut remonter. Il marque donc la température minimum. Pour remettre en
état, on redresse verticalement l'instrument, de manière à faire redescendre l'index au sommet de la
colonne d'alcool.

II. — Coefficients de dilatation.

Qu'appelle-t-on coefficient de dilatation linéaire d'un corps solide?

C'est l'accroissement de l'unité de longueur pour une élévation de température d'un degré.

Connaissant la longueur l_0 d'une barre à 0°, trouvez sa longueur à $t°$.

Soit α le coefficient de dilatation linéaire. A t, la barre a augmenté de $l_0\alpha t$. Donc,

$$l_t = l_0 + l_0\alpha t = l_0(1 + \alpha t).$$

Quel nom donne-t-on à $1 + \alpha t$?

C'est le binôme de dilatation.

Connaissant la longueur l_t d'une barre à $t°$, trouvez sa longueur à $t'°$.

On a :

$$l_t = l_0(1 + \alpha t) \quad \text{et} \quad l_{t'} = l_0(1 + \alpha t');$$

d'où

$$\frac{l_{t'}}{l_t} = \frac{1 + \alpha t'}{1 + \alpha t} = \text{approximativement } 1 + \alpha(t' - t).$$

On peut dire aussi que l'accroissement de longueur, en passant de $t°$ à $t'°$, est $l_t\,\alpha\,(t' - t)$. Donc,

$$l_{t'} = l_t + l_t\alpha(t' - t)$$

d'où

$$l_{t'} = l_t\left[1 + \alpha(t' - t)\right].$$

Quel est le principe de la méthode de Lavoisier et Laplace pour déterminer le coefficient de dilatation linéaire?

On mesure la longueur l_0 d'une barre à 0°. On porte

cette barre à t^o, et l'on mesure son accroissement de longueur a. On a donc :

$$a = l_0 \alpha t,$$

d'où l'on déduit α.

* *Comment détermine-t-on a?*

La longueur a est trop petite pour pouvoir être déterminée directement. On se sert d'un levier qui amplifie considérablement le mouvement.

* *Comment porte-t-on la barre à t^o?*

On la place dans un bain d'huile qu'on chauffe au moyen d'un fourneau. Il faut agiter sans cesse l'huile pour que la température soit bien uniforme. Enfin, quand on veut terminer l'expérience, on ferme les portes du fourneau pour empêcher la combustion du charbon. A ce moment, on agite vivement l'huile et l'on en prend la température avec un thermomètre. L'expérience prouve que, pendant quelques minutes, à partir du moment où les portes du fourneau sont fermées, la température du bain d'huile reste constante, ce qui permet de la mesurer exactement avec un thermomètre.

* *Le coefficient de dilatation linéaire d'une substance est-il le même pour toutes les températures?*

Non, mais, pour la plupart des corps, il reste constant pour des températures ne dépassant pas 100°; au-dessus, il augmente un peu. Le coefficient de dilatation linéaire est donc en réalité une fonction de la température, mais on le considère dans la pratique comme constant entre certaines limites données. Il y a une valeur distincte pour chacune de ces limites.

* *Qu'est-ce que le coefficient de dilatation superficielle d'un corps solide?*

C'est l'accroissement de l'unité de surface pour une

élévation de température d'un degré. Il est égal au double du coefficient de dilatation linéaire.

Qu'est-ce que le coefficient de dilatation cubique d'un corps solide ?

C'est l'accroissement de l'unité de volume pour une élévation de température d'un degré.

Prouvez qu'il est le triple du coefficient de dilatation linéaire.

Soient α et K les coefficients de dilatation linéaire et cubique. On a :

$$K = (1 + \alpha)^3 - 1 = \alpha^3 + 3\alpha^2 + 3\alpha)$$

= sensiblement 3α, en négligeant α^2 et α^3 qui sont très petits.

Connaissant le volume d'un corps à 0°, trouvez son volume à t°.

$V_t = V_0 (1 + Kt)$, K étant le coefficient de dilatation cubique.

Connaissant le volume d'un corps à t°, trouvez son volume à t'°.

On a :

$$\frac{V_t}{V_{t'}} = \frac{1 + Kt}{1 + Kt'}.$$

Énoncez ce résultat.

Les volumes sont proportionnels aux binômes de dilatation.

Connaissant le poids spécifique d'un corps à t°, trouvez son poids spécifique à t'°.

Soient P le poids du corps, V_t et D_t son volume et son poids spécifique à $t°$, $V_{t'}$ et $D_{t'}$ son volume et son poids spécifique à $t'°$. On a :

$$P = V_t D_t = V_{t'} D_{t'}$$

et

$$\frac{V_t}{V_{t'}} = \frac{1+Kt}{1+Kt'};$$

d'où

$$\frac{D_t}{D_{t'}} = \frac{V_{t'}}{V_t} = \frac{1+Kt'}{1+Kt}.$$

** Énoncez ce résultat.*

Les poids spécifiques sont en raison inverse des binômes de dilatation.

** Une échelle étant graduée à 0°, on mesure une longueur 1 avec cette échelle à t°. Quelle est la véritable longueur mesurée?*

Chaque division de l'échelle est $1+\alpha t$ à t°. La longueur mesurée est donc $l(1+\alpha t)$. Le résultat est le même pour les mesures de capacité.

** Qu'est-ce que le coefficient de dilatation absolue d'un liquide?*

C'est l'accroissement de l'unité de volume pour une élévation de température d'un degré.

** Qu'est-ce que le coefficient de dilatation apparente d'un liquide?*

C'est l'accroissement de l'unité de volume du liquide pour une élévation de température d'un degré, mais cet accroissement étant mesuré dans l'enveloppe qui contient le liquide. Comme l'enveloppe augmente de volume, l'accroissement observé est inférieur à l'accroissement vrai du liquide.

** Quelle relation existe-t-il entre les coefficients de dilatation absolue et relative?*

Soient Δ, δ et K le coefficient de dilatation absolue du liquide, le coefficient de dilatation relative du même liquide et le coefficient de dilatation cubique de l'enveloppe. On a :

$$\Delta = \delta + K.$$

Prouvez-le.

L'unité de volume est devenue réellement, à t^o, $1 + \Delta$. Or la lecture faite sur l'enveloppe est $1 + \delta$; mais, comme chaque division sur l'enveloppe est devenue $1 + K$, le volume véritable est $(1 + \delta)(1 + K)$. Donc,

$$1 + \Delta = (1 + \delta)(1 + K);$$

d'où

$$\Delta = \delta + K + \delta K, \text{ ou sensiblement } \delta + K.$$

Quel est le principe de la méthode de Dulong et Petit pour mesurer le coefficient de dilatation absolue du mercure?

On verse du mercure dans un tube en forme d'U, la base étant parfaitement horizontale et constituée par un tube capillaire. Les portions supérieures des tubes sont d'un diamètre large, afin d'éviter les erreurs capillaires. L'une des branches est entourée de glace fondante à 0°, l'autre d'huile chauffée à t^o (il faut prendre les précautions déjà indiquées avec les expériences de Lavoisier et Laplace pour obtenir exactement la température t). Soient l_0 et l_t les distances verticales des niveaux supérieurs du mercure dans les deux branches à l'axe du tube horizontal. On a :

$$\frac{l_0}{l_t} = \frac{d_t}{d_0},$$

d_0 et d_t étant les poids spécifiques du mercure à 0° et à t^o.

Or $\dfrac{d_t}{d_0} = \dfrac{1 + \Delta \times 0}{1 + \Delta t} = \dfrac{1}{1 + \Delta t}$, Δ étant le coefficient de dilatation absolue du mercure. Donc,

$$\frac{l_0}{l_t} = \frac{1}{1 + \Delta t};$$

d'où

$$\Delta = \frac{l_t - l_0}{l_0 t}.$$

Il suffit donc de déterminer expérimentalement $l_t - l_0$,

c'est-à-dire la différence des niveaux du mercure dans les deux branches, puis l_0 et t.

Pourquoi faut-il que le tube du bas soit capillaire?

Pour empêcher le mélange des deux portions du mercure qui sont à des températures différentes.

Pourquoi faut-il que ce tube soit horizontal?

Parce que c'est le niveau de séparation des deux liquides contenus dans des vases communiquants, et que la loi d'équilibre des liquides de densités différentes dans les vases communiquants exige que ce niveau soit horizontal.

Quelle est la méthode employée par Dulong et Petit pour mesurer le coefficient de dilatation apparente d'un liquide?

On remplit un gros thermomètre du liquide par la méthode employée pour le thermomètre à mercure. On le porte à 0° en l'entourant de glace fondante, et en ayant soin qu'il soit toujours plein (on y arrive en faisant plonger la tige ouverte dans un vase contenant le liquide). On pèse le thermomètre ainsi plein à 0°. En retranchant le poids du verre, on a le poids P du liquide. On plonge ensuite le thermomètre dans un bain chauffé à $t°$; on détermine le poids p du liquide qui se déverse du thermomètre. Ces deux quantités P et p permettent de calculer le coefficient de dilatation apparente du liquide.

Faites le calcul.

Remettons par la pensée le thermomètre dans la glace fondante, après l'avoir porté à $t°$. Le volume du liquide restant est $\dfrac{P - p}{D}$, D étant le poids spécifique à 0° du liquide.

Or, quand on chauffe à $t°$, ce liquide arrive jusqu'à l'extrémité de la tige; son volume est celui du thermomètre à zéro (en négligeant la dilatation très petite du tube), ou $\frac{p}{D}$; l'accroissement de volume est donc $\frac{P}{D} - \frac{P-p}{D}$ ou $\frac{p}{D}$.

En passant de 0° à t°, le volume $\frac{P-p}{D}$ subit une dilatation apparente de $\frac{p}{D}$. L'accroissement de l'unité de volume, pour un accroissement d'un degré, c'est-à-dire le coefficient de dilatation apparente, est donc :

$$\frac{\frac{p}{D}}{\frac{P-p}{D} \times t} = \frac{p}{(P-p)t}.$$

Pourquoi donne-t-on à cette méthode le nom de méthode du thermomètre à poids ?

Parce que la même expérience permet de mesurer la température t du bain au moyen des deux pesées P et p. En effet, connaissant une fois pour toutes le coefficient de dilatation apparente du liquide qui remplit le thermomètre, on a :

$$\delta = \frac{p}{(P-p)t},$$

d'où l'on déduit t.

Cette méthode permet-elle de déterminer le coefficient de dilatation cubique du verre qui compose le thermomètre ?

Oui, on détermine d'abord le coefficient de dilatation apparente δ du mercure. Or $\Delta = \delta + K$; on connaît Δ, coefficient de dilatation absolue du mercure. Donc $K = \Delta - \delta$.

Cette méthode permet-elle de déterminer le coefficient de dilatation cubique d'un liquide quelconque ?

Oui, connaissant δ et K, on a $\Delta = \delta + K$.

Cette méthode permet-elle de déterminer le coefficient de dilatation cubique d'un corps solide ?

Oui, on détermine encore les poids P et p de mercure, mais en introduisant dans le réservoir du thermomètre un fragment du corps dont on veut mesurer le coefficient de dilatation cubique. On écrit alors qu'à t^o le volume du contenant est égal à celui du contenu.

En quoi consiste la méthode du thermomètre à tige pour faire les mêmes déterminations qu'avec le thermomètre à poids ?

Le thermomètre a sa tige divisée en parties d'égales capacités. On détermine d'abord le volume V_0 du réservoir jusqu'à l'origine des divisions et le volume v_0 de chaque division, le tout à la température de 0°.

Comment peut-on trouver V_0 et v_0?

On remplit le thermomètre de mercure et on le plonge dans la glace fondante. Le niveau du mercure s'arrête dans la tige à la division n. La différence entre le poids P du thermomètre plein et celui du thermomètre vide donne le poids du mercure. D étant le poids spécifique du mercure à 0°, on a :

$$\frac{P}{D} = V_0 + nv_0.$$

En chauffant le mercure, on en fait tomber un poids p de la tige. On remet dans la glace fondante et on note la division n' d'affleurement. On a :

$$\frac{P - p}{D} = V + n'v_0.$$

Ces deux équations donnent V_0 et v_0.

Continuez l'exposé de la méthode du thermomètre à tige.

Le thermomètre est rempli du liquide, puis entouré de glace fondante. Le niveau dans la tige se fixe à la division m. Le volume du liquide est donc $V_0 + mv_0$. On chauffe à t^o et le niveau se fixe à la division m'. La dilatation apparente est $v_0(m'-m)$. L'unité de volume, en passant de 0 à 1 degré, a donc subi un accroissement de

$$\frac{v_0(m'-m)}{(V_0+mv_0)t} = \delta.$$

δ est le coefficient de dilatation apparente du liquide.

Comment varie le coefficient de dilatation absolue d'un liquide avec la température?

Il augmente rapidement avec la température, surtout si le liquide est volatil. Il devient même supérieur à celui des gaz quand le liquide est enfermé dans un vase clos et chauffé sans pouvoir bouillir. Le phénomène est très remarquable avec un tube plein d'acide carbonique liquide, qu'il suffit de chauffer à la main pour en voir l'énorme dilatation.

Qu'arrive-t-il quand un corps passe en fondant de l'état solide à l'état liquide?

Il augmente brusquement de volume, en sorte que la partie encore solide possède un poids spécifique supérieur à celui du liquide et tombe au fond de ce liquide.

L'eau fait-elle exception?

Oui, elle diminue de volume en passant de l'état solide à l'état liquide, en sorte que la glace surnage au-dessus de l'eau. C'est ce phénomène qui produit la rupture des récipients pleins d'eau quand il gèle et que l'eau se transforme en glace.

Est-ce bien exactement au moment de la solidification de l'eau que la diminution de volume a lieu?

Non, elle commence à 4°, tandis que la solidification ne se produit qu'à 0°. Si l'on refroidit progressivement de l'eau, on constate que son volume va toujours en diminuant jusqu'à 4°, puis qu'à partir de cette température son volume augmente continuellement. Ceci a toujours lieu si, pour empêcher l'eau de se congeler, on l'enferme dans un tube très étroit.

A quelle température l'eau atteint-elle son maximum de poids spécifique?

Évidemment à 4°, puisqu'elle atteint à cette température son minimum de volume.

Décrivez l'expérience de Hope.

On refroidit par le milieu une longue colonne d'eau en l'entourant d'un mélange de sel marin et de glace pilée. On prend la température de l'eau au moyen de thermomètres aux deux extrémités de la colonne.

Or l'eau du milieu de la colonne, se refroidissant, devient plus lourde et tombe au fond. Le thermomètre inférieur seul baisse d'abord, et cela a lieu jusqu'à ce que la température du bas atteigne 4°; à partir de ce moment, l'eau, descendant au-dessous de 4°, devient plus légère et monte à la surface. C'est donc au tour du thermomètre supérieur de s'abaisser progressivement au-dessous de 4°. Le thermomètre inférieur marque toujours 4°.

L'expérience de Hope ne se fait-elle pas en grand dans la nature?

Si, en hiver, les étangs sont gelés à la surface, mais l'eau du fond reste à 4°.

** Par quelle expérience Despretz a-t-il mesuré exactement les poids spécifiques de l'eau aux diverses températures?*

Il s'est servi d'un thermomètre à eau, dont le réservoir et la tige étaient gradués comme dans l'expérience de la recherche du coefficient de dilatation apparente d'un liquide par la méthode du thermomètre à tige. En portant le thermomètre à différentes températures, il a pu mesurer très exactement quels étaient les volumes occupés par l'eau à ces températures. Il a reconnu que le minimum de volume avait lieu à 4°. Les poids spécifiques aux diverses températures s'obtenaient en divisant le volume V_t par le volume V_4, car les volumes sont en raison inverse des poids spécifiques. On sait de plus que les poids spécifiques sont pris par rapport à l'eau à 4°.

La hauteur barométrique observée étant H à t°, trouvez quelle serait la hauteur si la température était 0°.

Soient D le poids spécifique du mercure à 0° et Δ son coefficient de dilatation absolue. La colonne de mercure H, à t°, donne une pression à la base, par unité de surface, égale à :

$$\frac{P}{S} = \frac{H \times \dfrac{D}{1 + \Delta t} \times S}{S} = H \times \frac{D}{1 + \Delta t},$$

P étant le poids du mercure et S la section du tube.

Si la température devient 0° et la hauteur barométrique x, la pression par unité de surface est :

$$\frac{x \times D}{1 + \Delta \times 0} = x \times D.$$

Or, ces deux pressions étant égales, on a :

$$H \times \frac{D}{1 + \Delta t} = x \times D$$

ou

$$x = \frac{H}{1 + \Delta t}.$$

Cette réduction de la hauteur barométrique à 0° est-elle utile?

Oui, elle est toujours effectuée dans les observations météorologiques pour rendre ces observations indépendantes de la température et comparables entre elles.

Qu'appelle-t-on coefficient de dilatation d'un gaz sous pression constante?

C'est l'accroissement de l'unité de volume du gaz pour une augmentation de température d'un degré, la pression du gaz restant toujours la même.

Étant donné le volume V_t d'une masse de gaz à la pression H et à la température t, trouvez ce que devient le volume $V_{t'}$ à la pression H' et à la température t'.

Portons le gaz à la pression H' sans changer sa température et soit U son nouveau volume. On a :

$$V_t \times H = U \times H'.$$

Portons maintenant le gaz à la température t' sans changer sa pression H'. Son volume devient $V_{t'}$, et l'on a :

$$\frac{U}{V_{t'}} = \frac{1 + \alpha t}{1 + \alpha t'},$$

α étant le coefficient de dilatation du gaz à pression constante. En éliminant U entre ces deux équations, il vient :

$$\frac{V_t \times H}{1 + \alpha t} = \frac{V_{t'} \times H'}{1 + \alpha t'}.$$

Cette formule est-elle importante?

Très importante, car elle permet de résoudre tous les problèmes relatifs aux gaz, quand il s'agit uniquement de variations de volumes, de pressions et de températures. C'est ce que devient la loi de Mariotte quand les températures changent.

Quel est le principe des thermomètres à gaz?

On enferme un gaz dans une enveloppe à la pression H et à la température t et l'on mesure son volume V_t ; on le porte alors à la température t' inconnue et l'on mesure son volume $V_{t'}$ et sa pression H'. On a :

$$\frac{V_t H}{1 + \alpha t} = \frac{V_{t'} H'}{1 + \alpha t'},$$

équation qui donne t'. Pour plus de simplicité, on fait $t = 0$.

Quel est le principe de la méthode de Gay-Lussac pour

trouver le coefficient de dilatation de l'air à pression constante?

Gay-Lussac prit un gros thermomètre dont la tige était divisée en parties d'égales capacités, puis il détermina par des pesées au mercure (voir plus haut) le volume V_0 du réservoir jusqu'à l'origine des divisions et le volume v_0 de chaque division, le tout à 0°.

Le thermomètre fut ensuite rempli d'air sec et il ne resta qu'un index de mercure dans la tige. Le tout étant à 0° et l'appareil placé horizontalement pour empêcher l'index d'exercer une pression sur l'air, cet index s'arrêtait à la division n. Le volume de l'air enfermé était donc $V_0 + nv_0$ à la pression atmosphérique H, donnée par le baromètre. On portait alors le thermomètre à $t°$ au moyen d'un bain d'huile (mêmes précautions que plus haut pour avoir exactement t). L'index s'arrêtait à la division n'. La pression était encore la pression atmosphérique H' (elle a pu changer pendant l'expérience). Le volume du gaz est $(V_0 + n'v_0)(1 + Kt)$, K étant le coefficient de dilatation cubique de l'enveloppe. Donc,

$$\frac{(V_0 + nv_0)H}{1 + \alpha \times 0} = \frac{(V_0 + n'v_0)(1 + Kt)H'}{1 + \alpha t}.$$

Cette équation donne α.

* *Comment trouve-t-on K?*

En se servant du thermomètre comme d'un thermomètre à poids dans une expérience préalable, celle d'ailleurs qui donne également V_0 et v_0.

* *L'index de mercure est-il un bon bouchon dans cette expérience?*

Non, il laisse perdre du gaz quand on chauffe le thermomètre. Pour le prouver, il suffit de ramener le tube à 0°, et l'index ne revient plus à sa position primitive n, mais à une division un peu inférieure.

Comment Gay-Lussac remplissait-il son tube de gaz sec?

Le tube étant d'abord plein de mercure, comme un thermomètre ordinaire, il adaptait à l'extrémité de la tige un autre tube plein de chlorure de calcium ou autres matières desséchantes. Avec un fil de platine qui traversait la tige, il faisait tomber goutte à goutte le mercure, et l'air sec prenait sa place. Il ne laissait que l'index dans la tige.

Quelle est la difficulté à vaincre pour avoir un gaz bien sec?

Le verre a la propriété de condenser de l'humidité à sa surface, et cette humidité persiste même quand on chauffe le verre à 100°. Le procédé de Gay-Lussac ne desséchait donc pas complètement le gaz qui circulait dans des tubes incomplètement desséchés.

Quel est le procédé usité aujourd'hui pour remplir un vase en verre de gaz sec?

Ce vase est chauffé à 100° dans la vapeur d'eau bouillante, et mis en communication par des tubes desséchants avec une machine pneumatique et un récipient plein de gaz sous pression. On fait d'abord le vide dans le vase et dans les tubes, puis on laisse rentrer lentement du gaz qui se dessèche en traversant les tubes. On refait le vide, on fait rentrer du gaz, et ainsi de suite plusieurs fois. On enlève ainsi peu à peu tout l'air et le peu d'humidité qui existaient primitivement dans le vase et dans les conduits.

Est-ce que l'expérience de Gay-Lussac ne permet pas aussi de mesurer la température?

Son appareil est en somme un thermomètre à gaz. Connaissant α, la dernière équation donne t, c'est-à-dire la température du bain ayant servi à chauffer le tube.

Quels sont les résultats trouvés par Gay-Lussac?

Il a énoncé cette loi d'une importance considérable:

tous les gaz ont le même coefficient de dilatation à pression constante. Davy a complété cette loi en ajoutant que la valeur de ce coefficient était indépendante de la pression.

** La loi de Gay-Lussac est-elle absolument vraie?*

Non, mais elle est très rapprochée de la vérité, comme d'ailleurs la loi de Mariotte. Les gaz très difficiles à liquéfier la suivent le plus exactement. Regnault a fait des expériences très précises pour trouver la véritable valeur des coefficients de dilatation des gaz.

III. — Poids spécifiques des gaz.

** Connaissant le poids spécifique D d'un gaz à 0° et à la pression 760 millimètres, trouvez ce que devient ce poids spécifique à t° et à la pression H millimètres.*

Comme pour les solides et les liquides, on a :

$$P = V_0 D_0 = V_t D_t,$$

P étant le poids du gaz, V_0 le volume du gaz à 0° et à la pression 760, D_0 son poids spécifique correspondant, V_t le volume du gaz à t° et à la pression H', D_t son poids spécifique correspondant. Donc,

$$\frac{D_t}{D_0} = \frac{V_0}{V_t}.$$

Mais, d'après la formule générale $\dfrac{V_t H}{1 + \alpha t} = \dfrac{V_{t'} H'}{1 + \alpha t'}$, on aura :

$$\frac{V_0 \times 760}{1 + \alpha \times 0} = \frac{V_t \times H}{1 + \alpha t};$$

d'où

$$\frac{V_0}{V_t} = \frac{H}{760} \times \frac{1}{1 + \alpha t}.$$

Donc,

$$D_t = D_0 \times \frac{H}{760} \times \frac{1}{1 + \alpha t}.$$

Le poids spécifique d'un gaz est-il généralement pris, comme vous venez de le faire, par rapport à l'eau?

Non, on le prend par rapport à l'air afin d'avoir des nombres plus petits, plus commodes dans la pratique.

Donnez la définition habituelle du poids spécifique d'un gaz.

C'est le rapport du poids d'un certain volume de gaz, pris à 0° et à la pression 760 millimètres, au poids du même volume d'air également pris à 0° et à la pression 760.

Connaissant le poids spécifique D d'un gaz par rapport à l'air, quel est son poids spécifique par rapport à l'eau?

Il suffit de multiplier, comme dans le cas de la recherche du poids spécifique d'un corps solide ou liquide par rapport à un autre liquide que l'eau, le poids spécifique du gaz par rapport à l'air par le poids spécifique de l'air par rapport à l'eau.

Or 1 litre d'air pèse $1^{gr},293$; 1 litre d'eau pèse 1000 grammes. Donc le poids spécifique de l'air par rapport à l'eau est $\dfrac{1,293}{1000} = 0,001293$.

Le poids spécifique du gaz, par rapport à l'eau, est, par suite, $D \times 0,001293$.

Trouvez le poids P d'un gaz, connaissant son poids spécifique D par rapport à l'air, son volume V, sa pression H et sa température t.

On a : $P = V \times D_t$, D_t étant le poids spécifique du gaz à t° et à la pression H, pris par rapport à l'eau. Or le poids spécifique du gaz à 0° et à 760 millimètres par rapport à l'eau est $D \times 0,001293$; à t° et à la pression H, il est :

$$D \times 0,001293 \times \frac{H}{760} \times \frac{1}{1+at}.$$

On a donc :

$$P = V \times D \times 0,001203 \times \frac{H}{760} \times \frac{1}{1 + \alpha t}.$$

P et V se correspondent comme unités dans cette formule.

** Cette formule est-elle importante?*

Excessivement importante, car elle permet de résoudre tous les problèmes des gaz, dans lesquels on fait intervenir le poids, le poids spécifique, la pression et la température.

** Le poids spécifique d'un gaz resterait-il le même si l'on prenait le gaz et l'air à la même température quelconque t et à la même pression quelconque H?*

Oui, si le gaz et l'air suivaient exactement la loi de Mariotte. En effet, la formule précédente, qui a été trouvée à la condition de considérer la loi de Mariotte comme exacte, donne, pour le poids du gaz à $t°$ et à la pression H :

$$P = V \times D \times 0,001203 \times \frac{H}{760} \times \frac{1}{1 + \alpha t}.$$

Le poids du même volume d'air, à $t°$ et à 760, est :

$$P_1 = V \times 0,001293 \times \frac{H}{760} \times \frac{1}{1 + \alpha' t}.$$

Le poids spécifique du gaz est donc :

$$\frac{P}{P_1} = D \times \frac{1 + \alpha' t}{1 + \alpha t},$$

ou, si l'on admet avec Gay-Lussac que $\alpha' = \alpha$,

$$\frac{P}{P_1} = D.$$

La loi de Mariotte et la loi de Gay-Lussac n'étant pas

absolument exactes, c'est pour cette raison qu'on a été obligé de prendre le gaz et l'air dans des conditions bien déterminées de température et de pression.

Quel est le principe de la méthode de Regnault pour déterminer le poids spécifique des gaz ?

On remplit un grand ballon de gaz bien sec (par la méthode générale donnée à propos de la recherche des coefficients de dilatation des gaz), à 0° et à la pression atmosphérique H. Pour cela, on entoure le ballon de glace fondante pendant son dernier remplissage de gaz sec à une pression un peu supérieure à H; puis on ouvre un instant le robinet, qui laisse échapper l'excès de gaz qui se trouve alors dans le ballon à la pression H.

Ceci fait, on porte le ballon sur une balance et l'on fait la tare. On replace le ballon dans la glace fondante et l'on fait le vide jusqu'à la pression h donnée par le manomètre de la machine. On reporte le ballon sur la balance et l'on rétablit l'équilibre avec des poids gradués p. Ces poids p représentent le poids du gaz qui remplit le ballon à 0° et à la pression $H - h$.

Or, si le gaz avait été à la pression 760, le poids serait :

$$\frac{x}{p} = \frac{760}{H - h};$$

car les poids d'un même volume de gaz sont proportionnels aux pressions.

Donc,

$$x = p \times \frac{760}{H - h}.$$

On refait exactement la même expérience avec de l'air. On a :

$$y = p' \times \frac{760}{H' - h'}.$$

Donc le poids spécifique du gaz est :

$$\frac{x}{y} = \frac{p}{p'} \times \frac{H' - h'}{H - h}.$$

Quelle est la précaution à prendre quand on fait la tare du ballon?

Le volume du ballon étant très grand, la poussée de l'air est très grande. Or cette poussée dépend de la pression de l'air, de son état d'humidité, de sa température. Comme ces conditions peuvent varier dans l'intervalle qui sépare les deux pesées, il en résulte que les poussées ne sont plus les mêmes et les erreurs de poids commises sont considérables par rapport au poids du gaz enfermé dans le ballon qui est toujours très petit.

Afin d'éviter ce grave inconvénient, Regnault a eu l'heureuse idée de faire la tare du ballon avec un second ballon ayant exactement le même volume extérieur que le premier et fabriqué avec le même verre. La quantité d'eau condensée sur le verre dépend en effet de la nature du verre. Dans ces conditions, la poussée est la même sur les deux ballons et il n'y a plus à s'en préoccuper.

Comment se procure-t-on deux ballons ayant même volume extérieur?

On suspend les deux ballons remplis d'eau aux extrémités d'une balance et l'on établit l'équilibre avec de la grenaille de plomb ajoutée dans l'un des plateaux. On plonge les deux ballons dans l'eau et on rétablit l'équilibre avec des poids gradués P qui représentent l'excès de volume d'un ballon sur l'autre.

Le plus grand ballon servira à la recherche du poids spécifique du gaz. Le plus petit servira de tare, mais il faut lui ajouter d'abord le volume P qui lui manque. Pour cela, on prend un tube de verre dont on connaît le diamètre, et l'on calcule la longueur qu'il faut lui donner pour que son volume soit P. On le ferme aux deux bouts et on l'attache au plus petit ballon.

Cette méthode permet-elle de trouver le poids spécifique

d'un gaz qui attaque le cuivre, comme le chlore par exemple ?

Non, car le gaz se combinerait au cuivre et les pesées seraient inexactes.

* *Quelle méthode beaucoup moins précise peut-on employer ?*

Un flacon bouché à l'émeri est rempli du gaz sec à la pression atmosphérique H et à 0° (en entourant le flacon de glace fondante). On porte sur une balance et on fait la tare. On remplit ensuite le flacon d'air sec à 0° et à la pression atmosphérique H'. On porte sur une balance et on rétablit l'équilibre avec des poids gradués π.

Or $\pi = p - p'$, p étant le poids du gaz qui remplit le flacon et p' celui de l'air.

Soit V le volume du flacon à 0°. On a :

$$p = V \times D \times 0,001293 \times \frac{H}{760},$$

D étant le poids spécifique du gaz.

$$p' = V \times 0,001293 \times \frac{H'}{760};$$

donc,

$$\pi = V \times D \times 0,001293 \times \frac{H}{760} - V \times 0,001293 \times \frac{H'}{760},$$

d'où l'on déduit D.

* *Comment détermine-t-on le volume V du flacon à 0°?*

On remplit le flacon d'eau à 0° et on fait la tare sur une balance. On le remplit ensuite d'air sec à 0° et à la pression H. On porte sur la balance et on rétablit l'équilibre avec des poids gradués π.

$$\pi = V e_0 - V \times 0,001293 \times \frac{H}{760},$$

e_0 étant le poids spécifique de l'eau à 0°.

On en déduit V.

** Comment Regnault a-t-il trouvé le poids du litre d'air à 0° et à la pression 760 millimètres?*

Quand on cherche le poids spécifique d'un gaz par la méthode de Regnault, on trouve $x = p \times \dfrac{760}{H - h}$ pour le poids du gaz qui remplit le ballon à 0° et à la pression 760. Ce gaz étant de l'air, on aura le poids du litre d'air en divisant x par le volume du ballon à 0° exprimé en litres.

** Comment trouve-t-on le volume V du ballon?*

Comme plus haut,

$$\pi = Vc_0 - P, \qquad (1)$$

P étant le poids de l'air sec qui remplit le ballon à 0° et à la pression H'. Ici, on ne peut écrire $P = V \times 0,001293 \times \dfrac{H'}{760}$, car on ne connaît pas ce nombre 0,001293 qui est précisément le but de la recherche. P est d'ailleurs facile à calculer au moyen de l'expérience qui donne x. En effet,

$$\frac{P}{x} = \frac{H'}{760},$$

d'où l'on déduit P. L'équation (1) donne V.

IV. — Chaleurs spécifiques.

Qu'appelle-t-on chaleur spécifique d'un corps?

C'est la quantité de chaleur nécessaire pour élever de 1 degré la température de 1 kilogramme du corps. C'est aussi la quantité de chaleur que perd 1 kilogramme du corps quand sa température baisse de 1 degré.

Quelle est l'unité de chaleur?

C'est la chaleur spécifique de l'eau. On la nomme *calorie*.

Qu'a de particulier la chaleur spécifique de l'eau?

C'est la plus grande de toutes. Toutes les autres chaleurs spécifiques sont donc inférieures à 1.

La quantité de chaleur nécessaire pour élever de 1 degré 1 kilogramme d'eau est-elle toujours la même, quelle que soit la température initiale?

Oui. Pour le prouver, on mélange 1 kilogramme d'eau à 0° avec 1 kilogramme d'eau à 2° et l'on trouve que le mélange est à 1°. On mélange ensuite 1 kilogramme d'eau à 0° avec 1 kilogramme d'eau à 4° et l'on trouve que le mélange est à 2°. Et ainsi de suite. Ce résultat prouve qu'il faut toujours la même quantité de chaleur pour élever 1 kilogramme de 1 degré, quelle que soit la température initiale, et que 1 kilogramme d'eau, en s'élevant de 1°, gagne la même quantité de chaleur qu'il perd quand sa température baisse de 1°.

Ce résultat est-il toujours vrai?

Non, il est vrai seulement pour l'eau dont la température ne dépasse pas 100 degrés. La définition de la calorie ne s'applique donc qu'à l'eau dont la température ne dépasse pas 100 degrés.

Connaissant le poids P d'un corps, exprimé en kilogrammes, sa chaleur spécifique c et la variation de température 0, trouvez le nombre de calories gagnées ou perdues.

C'est évidemment $P \times c \times 0$. Les calories sont gagnées ou perdues suivant que 0 est positif ou négatif, c'est-à-dire que le corps s'échauffe ou se refroidit.

Quel nom donne-t-on au produit $P \times c$?

On l'appelle *capacité calorifique*. C'est la quantité de chaleur nécessaire pour élever le corps entier de 1 degré.

Quel est le principe de la méthode de Black, dite des mélanges, pour mesurer la chaleur spécifique d'un corps solide?

On chauffe un poids P du corps à T degrés, puis on le

6.

plonge dans un poids d'eau p à t degrés. On mesure la température finale du mélange 0.

La chaleur perdue par le corps, en passant de T à 0 degrés, est égale à la chaleur gagnée par l'eau pour passer de t à 0 degrés. Donc,

$$P \times c \times (T - 0) = p \times 1 \times (0 - t),$$

d'où l'on déduit c.

Quel nom donne-t-on au vase qui contient l'eau ?

C'est le calorimètre.

Quelle est la construction du calorimètre de Regnault ?

C'est un vase en laiton, de faible poids, argenté à la surface extérieure. Il est placé au milieu d'un autre vase en laiton, argenté à la surface intérieure. De plus, il est posé sur des bouchons de liège.

Pourquoi est-il de faible poids ?

Afin d'absorber le moins de chaleur possible.

Pourquoi est-il argenté extérieurement ?

Pour rayonner le moins de chaleur possible.

Pourquoi est-il placé à l'intérieur d'un vase argenté intérieurement ?

Pour que ce vase lui réfléchisse le plus de chaleur possible. On se place ainsi dans les meilleures conditions pour éviter le refroidissement de l'eau contenue dans le calorimètre.

Comment chauffe-t-on le corps à T° ?

Dans une étuve. Le corps est placé dans un panier et l'on descend le tout, au moyen d'un fil de soie, dans l'eau du calorimètre.

N'y a-t-il que le calorimètre qui prenne une partie de la chaleur gagnée par l'eau ?

Il y a encore le thermomètre, l'agitateur nécessaire pour que toute la masse d'eau soit bien à la même température, et les autres instruments qu'on introduira dans le calorimètre quand on en aura besoin.

Quelle est alors l'équation, en tenant compte de la chaleur absorbée par le calorimètre, le thermomètre, l'agitateur, etc., et du panier contenant le corps?

Soient P_1 et c_1 le poids du panier et sa chaleur spécifique, p' et c', p'' et c'', p''' et c''', etc., les poids et les chaleurs spécifiques du calorimètre, de l'agitateur, du verre du thermomètre, du mercure du thermomètre, etc. On a :

$$Pc(T-\theta)+P_1c_1(T-\theta)=p(\theta-t)+p'c'(\theta-t)+p''c''(\theta-t)+\ldots$$
$$=(p+p'c'+p''c''+\ldots)(\theta-t),$$

d'où l'on déduit c.

Quel nom donne-t-on à $p+p'c'+p''c''+\ldots$?

Valeur du calorimètre réduit en eau.

Que représente-t-elle?

La quantité $M=p+p'c'+p''c''+\ldots$ représente le poids d'eau qui absorbe la même quantité de chaleur que le calorimètre et ses accessoires pour s'élever d'un même nombre de degrés.

Est-elle constante?

Oui, pourvu qu'on emploie toujours le même poids d'eau, le même thermomètre et le même agitateur. L'équation devient donc plus simplement :

$$Pc(T-\theta)+P_1c_1(T-\theta)=M(\theta-t).$$

Comment varie la chaleur spécifique avec la température?

Elle augmente avec la température, surtout pour les liquides. Il faut plus de chaleur pour élever d'un degré la température d'un corps à $100°$ qu'à $0°$.

Énoncez la loi de Dulong et Petit.

Le produit de la chaleur spécifique d'un corps simple par son équivalent chimique est un nombre constant.

* *A quoi sert cette loi?*

A déterminer l'équivalent d'un corps simple par une expérience simplement physique. Il suffit de diviser le nombre constant par la chaleur spécifique.

* *Énoncez la loi de Neumann.*

. La loi de Dulong et Petit est vraie aussi pour les corps qui ont même composition chimique.

* *Énoncez la loi de Woestyn.*

La capacité calorifique d'un composé est égale à la somme des capacités calorifiques de ses éléments, pourvu que tout soit sous le même état physique.

V. — Passage de l'état solide à l'état liquide, et inversement.

Comment un corps peut-il passer de l'état solide à l'état liquide, et inversement?

Par deux voies : 1° par voie ignée, fusion ou solidification ; 2° par voie humide, dissolution ou cristallisation.

Quelles sont les lois de la fusion?

Pour une même pression, un corps fond à une température déterminée, nommée son point de *fusion*.

La température reste constante pendant la durée de la fusion.

Quel est l'effet de la pression sur le point de fusion?

En général, la pression élève le point de fusion. La glace fait exception (expérience de Tyndall) ; elle se liquéfie quand on la comprime et l'eau de fusion se congèle de nouveau quand la pression cesse. D'où l'explication des glaciers.

Qu'appelle-t-on chaleur de fusion d'un corps?

C'est la quantité de chaleur nécessaire pour fondre 1 kilogramme du corps, sans changement de température (c'est-à-dire à partir du moment où le corps a atteint son point de fusion).

Comment trouve-t-on la chaleur de fusion d'un corps?

On fond un poids P du corps à une température T supérieure à son point de fusion T_1, puis on le plonge dans l'eau du calorimètre de température initiale t. La température finale est 0. Soient c_1 et c les chaleurs spécifiques du corps à l'état liquide et à l'état solide, x la chaleur de fusion. Soit M la valeur du calorimètre réduit en eau.

En passant de T à T_1, le corps perd $Pc\,(T-T_1)$ calories; en fondant sans changer de température, il perd Px; en passant de T_1 à 0, il perd $Pc\,(T_1-\theta)$; le calorimètre entier gagne $M\,(0-t)$. Donc,

$$Pc_1\,(T-T_1)+Px+Pc\,(T_1-\theta)=M\,(\theta-t),$$

d'où x, connaissant c_1.

Comment détermine-t-on c_1 ?

Par une seconde opération analogue à la première. On a :

$$Pc_1\,(T'-T_1)+Px+Pc\,(T_1-\theta')=M\,(\theta'-t).$$

Cette équation et la précédente donnent c_1 et x.

Comment détermine-t-on la chaleur de fusion de la glace?

On prend un poids P de glace fondante qu'on introduit dans l'eau du calorimètre. En fondant, la glace gagne Px calories, x étant sa chaleur de fusion; en passant de 0 à 0, l'eau de fusion gagne $P\theta$. Le calorimètre perd $M\,(t-\theta)$. Donc,

$$Px+P\theta=M\,(t-\theta).$$

Comment détermine-t-on P ?

Par différence de poids du calorimètre, avant et après introduction de la glace.

Quelles sont les lois de la solidification ?

Un corps se solidifie à une température qui est la même que son point de fusion.

Pendant la solidification, la température reste constante.

Qu'est-ce que la surfusion ?

Certains corps (eau, soufre, phosphore, etc.) peuvent abaisser leur température au-dessous du point de solidification, sans se solidifier. L'agitation (eau), l'introduction d'une parcelle du *même* corps solide, produisent instantanément la solidification (expériences de MM. Gernez et Dufour).

Qu'observe-t-on au moment de la solidification ?

La température du corps remonte brusquement au point de fusion.

———

Qu'est-ce qu'un liquide saturé ?

Pour une température t, un liquide est dit saturé quand il ne peut plus dissoudre un corps solide.

Quelle est l'influence de la température sur le point de saturation ?

En général, plus la température s'élève et plus un liquide est capable de dissoudre une grande quantité d'un même solide.

Quel est l'effet de la dissolution d'un corps solide sur la température du dissolvant ?

Le corps solide emprunte de la chaleur au liquide qui se refroidit.

Qu'est-ce qu'un mélange réfrigérant ?

C'est un mélange d'un corps solide et d'un liquide qui dissout le solide, ou encore le mélange de deux solides qui se liquéfient mutuellement. Le passage de l'état solide à l'état liquide est accompagné d'une production de froid.

Quels sont les principaux mélanges réfrigérants?

Glace et sel pilé, acide chlorhydrique et sulfate de soude, eau et azotate d'ammoniaque.

Comment peut-on faire cristalliser un corps par la voie humide ?

On dissout ce corps solide dans un liquide jusqu'à ce qu'il y ait saturation à la température t. En abaissant la température au-dessous de t, une partie du corps dissous se solidifie en cristallisant.

Qu'est-ce que la sursaturation ?

Certains corps (sulfate de soude, acétate de soude, etc.) ne se solidifient pas. Dans ces circonstances, on dit que le liquide est sursaturé.

Comment fait-on cesser cette sursaturation ?

En introduisant une parcelle du même corps solide ou d'un corps isomorphe (cristallisant identiquement avec les mêmes formes). La solidification se produit instantanément.

Qu'observe-t-on au moment de cette brusque solidification?

Un dégagement de chaleur, comme dans la surfusion.

Pourquoi, dans l'expérience de la sursaturation du sulfate de soude, la cristallisation a-t-elle lieu toute seule quand on ouvre le tube?

Parce qu'il y a des parcelles de sulfate de soude dans l'air.

VI. — Passage de l'état liquide à l'état gazeux, et inversement.

Quelle différence y a-t-il entre un gaz et une vapeur ?

Une vapeur est un gaz pris à une température très voisine du point d'ébullition. Les mots vapeurs et gaz peuvent, en somme, être confondus.

Qu'arrive-t-il quand un liquide est mis en présence d'un espace vide limité?

Le liquide se transforme en vapeur jusqu'à ce que la pression de la vapeur formée atteigne, pour une température donnée, une certaine limite qui dépend de cette température.

Quel nom donne-t-on à cette pression limite?

Tension maximum.

Quelle est l'influence de la température sur la tension maximum correspondante?

La tension maximum s'accroît très vite avec la température.

Qu'arrive-t-il si le liquide manque avant que la tension de sa vapeur ait pu atteindre la tension maximum?

La totalité du liquide s'est évaporée et l'on dit que la vapeur n'est pas *saturée* ou *saturante*.

Qu'arrive-t-il s'il y a excès de liquide?

Une partie du liquide ne se transforme pas en vapeur. La vapeur est dite saturée ou saturante.

Qu'arrive-t-il quand on fait varier le volume d'une vapeur non saturante?

C'est un gaz qui suit la loi de Mariotte.

Qu'arrive-t-il quand on fait varier le volume d'une vapeur saturante?

Si son volume diminue, une partie de la vapeur se liquéfie et le reste conserve la même pression ; si le volume augmente, une partie de l'excès du liquide se vaporise et la pression reste encore constante.

Comment démontre-t-on tout cela?

En introduisant de l'éther dans un baromètre reposant sur la cuve profonde.

Énoncez le principe de Watt.

Quand plusieurs portions d'un même liquide sont

portées à des températures différentes, la tension maximum du mélange des vapeurs est égale à la tension maximum qui correspond à la température la moins élevée.

Quelle est la conséquence de ce principe?

C'est que la portion de liquide la plus chaude distille vers la portion la plus froide.

Comment détermine-t-on les tensions maxima de la vapeur d'eau au-dessous de 0º ?

Gay-Lussac place côte à côte deux baromètres à mercure plongeant dans une même cuvette. Il introduit un excès d'eau dans l'un des baromètres dont la partie supérieure est entourée d'un mélange réfrigérant de température — t. L'espace vide de ce baromètre se sature de vapeur d'eau à — tº. La différence des niveaux du mercure dans les deux baromètres donne la tension maximum qui correspond à la température — tº.

Toute la partie supérieure du baromètre mouillé doit-elle être entourée du mélange réfrigérant?

Non, il suffit d'entourer la portion extrème. En vertu du principe de Watt, l'eau distille vers cette portion et s'y congèle. La tension maximum reste d'ailleurs celle qui correspond à la température la plus basse.

Comment détermine-t-on les tensions maxima de la vapeur d'eau entre 0º et 60º ?

Dalton se sert aussi de deux baromètres, dont l'un contient de l'eau en excès. Les deux baromètres plongent dans une même cuvette à mercure. La différence des niveaux donne la tension maximum.

Comment chauffe-t-on à une température uniforme toute la masse de vapeur du baromètre mouillé?

En entourant d'eau chauffée uniformément à tº la

partie supérieure des deux tubes barométriques, de manière à bien entourer d'eau toute la portion du tube contenant cette vapeur. Plus t augmente et plus la longueur de cette partie augmente.

Théoriquement, jusqu'à quelle température pourrait-on chauffer cette eau?

Jusqu'à 100°, température à laquelle le niveau du mercure du tube mouillé atteindrait celui du mercure dans la cuvette.

Pratiquement, jusqu'à quelle température peut-on chauffer?

Jusqu'à 60° environ, car il devient de plus en plus difficile, par simple agitation, de maintenir la totalité de la colonne d'eau à une température bien uniforme. Cette colonne devient trop longue au-dessus de 60°.

Quelle précaution faut-il prendre quand on mesure la différence du niveau du mercure dans les deux baromètres au moyen du cathétomètre?

Il faut viser les niveaux à travers une partie de la cuve à eau formée par une glace plane; une glace cylindrique produirait des déformations visuelles.

Quelles corrections sont à faire?

Il faut ramener les hauteurs de mercure observées à 0° et tenir compte de la dépression mercurielle due au poids de l'eau contenue dans le baromètre mouillé. En employant des tubes larges, les dépressions capillaires sont d'ailleurs nulles, sinon il faut en tenir compte.

Comment détermine-t-on les tensions maxima de la vapeur d'eau à des températures supérieures à 60°?

Dans les méthodes précédentes de Gay-Lussac et de Dalton, on portait la vapeur à une température connue t et l'on mesurait ensuite la pression correspondante.

Regnault a imaginé une méthode opposée. Il donne à la vapeur saturante une pression déterminée H et mesure la température correspondante t.

Sur quel principe repose la méthode de Regnault?

Sur l'une des lois de l'ébullition des liquides : un liquide bout quand sa température correspond à la tension maximum égale à la pression qui s'exerce sur sa surface. Il suffit donc de chercher la température t à laquelle bout un liquide dont la surface est soumise à une pression H. H est la tension maximum qui correspond à t.

Quel est l'appareil qui sert à cette détermination?

On fait bouillir l'eau dans une marmite en acier très résistante qui communique avec un tube entouré d'eau froide où les vapeurs viennent se condenser et retomber dans la marmite, puis avec un récipient où se trouve de l'air enfermé sous pression. Cet air sert à obtenir la pression voulue dans l'appareil, pression qui est donnée par un manomètre. Pour des températures supérieures à 100°, l'air doit être comprimé au-dessus de 760 millimètres; pour des températures inférieures à 100°, il faut au contraire obtenir une pression inférieure à 760 millimètres.

Comment détermine-t-on la température d'ébullition de l'eau dans la marmite ?

En mettant un thermomètre dans le mercure contenu dans un tube en acier qui plonge dans la masse d'eau.

Pourquoi ce système si compliqué et ne pas mettre directement le thermomètre dans l'eau?

Parce que la pression considérable de l'eau comprimerait le réservoir du thermomètre et altérerait les indications de cet instrument.

Quel est le résultat remarquable qui ressort à la lecture de la table des tensions maxima de la vapeur d'eau aux diverses températures?

Ces tensions ne sont pas proportionnelles aux températures : elles croissent beaucoup plus vite que les températures.

Citez un exemple.

A 100°, la tension maximum est 760 millimètres. A 200°, elle atteint près de vingt fois cette valeur, au lieu du double s'il y avait proportionnalité.

Est-il remarquable que la tension maximum de l'eau à 100° soit précisément 760 millimètres?

Non, ce résultat n'est que la conséquence d'une définition, puisqu'on a désigné le degré 100 par la température de l'eau qui bout à la pression de 760 millimètres.

Au point de vue pratique, qu'y a-t-il de très important dans la rapidité avec laquelle s'accroît la tension maximum quand la température s'élève?

C'est que, quand on a atteint déjà des pressions élevées dans une chaudière à vapeur, il suffit d'élever de très peu de degrés la température de l'eau pour accroître considérablement la pression.

———

* *Qu'arrive-t-il quand un liquide est mis en contact avec un espace limité contenant déjà un gaz?*

Le liquide se comporte comme si l'espace limité était vide, sauf que sa vaporisation est plus lente.

* *Comment énonce-t-on cette loi?*

La tension maximum des vapeurs émises par un liquide, pour une température déterminée, est la même dans un gaz que dans le vide.

La loi est-elle encore vraie quand la vapeur n'est pas saturante?

Oui, puisque nous savons que les vapeurs non saturantes se comportent comme des gaz.

Quel est donc l'énoncé général de la loi du mélange des gaz et des vapeurs?

Il est le même que celui de la loi de Dalton, pour le mélange des gaz : la pression d'un mélange de gaz et de vapeurs est égale à la somme des pressions qu'auraient séparément ces gaz et ces vapeurs si chacun d'eux occupait à lui seul le volume du mélange.

Comment démontre-t-on que la tension maximum est la même dans un gaz que dans le vide?

Gay-Lussac introduit d'abord un gaz sec dans un vase et mesure la pression et le volume du gaz. Il introduit ensuite un liquide en excès, de l'éther par exemple, de manière à saturer le gaz de vapeurs du liquide. Le volume du mélange augmente en même temps que la pression. Il ramène le nouveau volume au volume primitif et mesure la pression finale. Cette pression est égale à la somme des pressions du gaz et de la vapeur. On a donc la pression de la vapeur en retranchant la pression primitive du gaz de la pression finale.

Quel résultat obtient-on?

On trouve que cette pression de la vapeur est précisément égale à la tension maximum qu'on obtient dans le vide, à la même température.

Qu'est-ce que l'évaporation?

La transformation lente d'un liquide en vapeurs à sa surface libre seulement.

A quelle température a lieu l'évaporation?

Elle a lieu à toutes les températures.

Quelles sont les conditions qui favorisent l'évaporation ?

L'étendue de la surface, l'élévation de température et l'état de sécheresse de l'air qui surmonte le liquide.

Quelle est l'influence du vent ?

Le vent chasse les vapeurs, diminue par suite l'humidité de l'air et augmente l'évaporation.

Quelle est la loi qui rattache l'évaporation à la tension maximum des vapeurs ?

Voici la loi formulée par **Dalton** : la quantité de vapeur qui se forme pendant un même temps est proportionnelle à l'excès de la tension maximum du liquide qui correspond à sa température sur la tension de la vapeur dans le gaz qui surmonte le liquide.

Cette loi est-elle générale ?

Non, elle cesse d'être vraie si l'excès est un peu grand.

Que devient la température d'un liquide qui s'évapore ?

Elle baisse, car le liquide doit s'emprunter de la chaleur à lui-même pour passer de l'état liquide à l'état gazeux. Plus l'évaporation est rapide, plus le froid est intense.

Comment augmente-t-on la vitesse d'évaporation ?

En diminuant la pression au-dessus du liquide (expérience de Leslie, appareil Carré pour la glace à l'acide sulfurique), ou en faisant passer un courant d'air à travers le liquide.

Que présente de remarquable l'évaporation rapide de l'acide carbonique et du protoxyde d'azote liquides ?

L'excès de liquide se solidifie brusquement.

Qu'est-ce que l'ébullition ?

La formation tumultueuse de vapeurs au sein d'un liquide.

Les vapeurs se forment-elles en réalité dans toutes les parties du liquide ?

Non, là seulement où se trouvent des bulles de gaz.

Peut-on retarder l'ébullition normale d'un liquide ?

Oui, en enlevant les bulles de gaz contenues dans le liquide (expériences de Donny, de Dufour, etc.).

Peut-on faciliter l'ébullition d'un liquide ?

Oui, en introduisant de l'air dans ce liquide (expériences de Gernez, de Gay-Lussac, de Raoult, etc.).

Quelles sont les lois de l'ébullition normale (quand le liquide contient des bulles de gaz) ?

1° Un liquide bout quand sa température est telle que la tension maximum de sa vapeur devient égale à la pression qui surmonte le liquide.

2° La température du liquide reste constante pendant l'ébullition, si la pression reste elle-même constante.

Quelle est la conséquence de la première loi ?

On peut faire bouillir un liquide à toutes les températures, en donnant à la pression une valeur convenable. Réciproquement, on peut faire bouillir un liquide à toutes les pressions, en lui donnant une température convenable (ébullition de l'eau dans le vide, expérience de Franklin).

Dans l'expérience de Franklin, pourquoi le liquide bout-il quand on refroidit la vapeur qui surmonte le liquide ?

Parce que la pression de cette vapeur diminue, puisqu'une partie se liquéfie, et que la température du liquide reste suffisante pour que l'ébullition puisse avoir lieu.

Comment fait-on pour trouver les températures d'ébullition qui correspondent à chaque pression ?

Il suffit de consulter le tableau qui donne les tensions maxima du liquide aux diverses températures. Les températures sont celles des points d'ébullition pour des pressions qui sont précisément les tensions maxima correspondantes.

Peut-on mesurer la hauteur d'une montagne en faisant bouillir de l'eau à son sommet?

Oui, en déterminant la température d'ébullition de l'eau. On en déduit la pression correspondante de l'air. Cette pression permet de calculer la hauteur de la montagne, quand on connaît la pression à la base.

Peut-on faire bouillir un liquide en vase clos?

Non, car la pression de la vapeur produite s'ajoute à celle de l'air enfermé dans le vase, en sorte que la pression totale qui surmonte le liquide est toujours supérieure à la tension maximum.

Quelle conséquence remarquable en déduit-on?

C'est qu'il est possible de chauffer en vase clos (marmite de Papin) un liquide à une température suffisamment élevée pour produire de la vapeur ayant une pression aussi considérable qu'on le veut.

A-t-on fait une application de cette conséquence?

Oui, la machine à vapeur.

Qu'est-ce que la vaporisation totale?

C'est la propriété que possède un liquide, enfermé dans un vase clos, de se vaporiser totalement quand on le chauffe à une température suffisamment élevée. L'acide carbonique liquide se vaporise totalement à 31°, l'eau à 413°.

Qu'observe-t-on de remarquable quand on chauffe progressivement un tube contenant de l'acide carbonique liquide?

Le volume du liquide augmente très rapidement, puis, à 31°, le liquide devient gazeux totalement.

Qu'est-ce que la chaleur de vaporisation d'un liquide?

C'est la quantité de chaleur nécessaire pour transformer 1 kilogramme de liquide en vapeur, à une pression déterminée, sans changement de température. (Cette température est le point d'ébullition du liquide à la pression déterminée.)

Quelle est la méthode employée par Desprelz pour déterminer la chaleur de vaporisation de l'eau à 100°?

On fait bouillir de l'eau à la pression de 760 millimètres; puis on introduit pendant un certain temps cette vapeur dans un serpentin qui est tout entier plongé dans l'eau d'un calorimètre. L'eau de condensation s'accumule dans un récipient également entouré de l'eau du calorimètre.

Soient P le poids de la vapeur qui a traversé le serpentin, M la valeur du calorimètre réduit en eau, t et 0 les températures initiales et finales de l'eau du calorimètre, x la chaleur de vaporisation de l'eau à 100°.

La vapeur en se liquéfiant à 100°, sans changer de température, a perdu Px calories; l'eau de condensation, en passant de 100° à 0°, a encore perdu P (100 — 0). Le calorimètre en a gagné M (0 — t). Donc,

$$Px + P(100 - 0) = M(0 - t).$$

Comment détermine-t-on P?

En pesant le calorimètre avant et après l'expérience, puisque l'eau de condensation est restée dans le calorimètre.

N'y a-t-il qu'une seule chaleur de vaporisation de l'eau?

Non, il y a une chaleur de vaporisation pour chaque température d'ébullition correspondant à une pression déterminée.

Quelle est la formule qui donne la chaleur de vaporisation de l'eau aux diverses températures?

C'est $a - bt$, a et b étant des constantes.

7.

Qu'en déduit-on de remarquable?

C'est que la chaleur de vaporisation diminue quand la température augmente.

Qu'appelle-t-on chaleur totale de vaporisation d'un li quide?

C'est la quantité de chaleur nécessaire pour vaporiser à $t°$ un kilogramme d'eau prise primitivement à 0°.

Quelle est la formule qui donne cette chaleur totale de vaporisation pour l'eau aux diverses températures?

La chaleur totale de vaporisation est égale à la somme de la chaleur de vaporisation et de la quantité de chaleur nécessaire pour élever l'eau de 0° à la température t d'ébullition. La formule est donc

$$a - bt + t$$

ou

$$a + t(1 - b).$$

Or b est inférieur à 1, donc $1 - b$ est positif.

Qu'en déduit-on de remarquable?

C'est que la chaleur totale de vaporisation augmente avec la température.

Qu'est-ce que la caléfaction?

C'est la propriété qu'a un liquide, placé sur une surface très chaude, de ne pouvoir bouillir. Il s'évapore lentement.

Qu'est-ce qui produit ce phénomène?

Les vapeurs émises par le liquide forment un matelas entre le liquide et la surface chaude, ce qui empêche le contact et par suite empêche l'eau de s'échauffer jusqu'à son point d'ébullition.

Comment peut-on liquéfier les gaz?

Un liquide, pour une pression H, bout à la température t. Inversement, un gaz, pour la même pression H, se liquéfiera à la même température t.

Quelle est la conséquence au point de vue des procédés qui permettent de liquéfier les gaz ?

Si H reste égale à la pression atmosphérique, il faudra abaisser t; si t reste égale à la température ordinaire, il faudra augmenter H. En général, on élève en même temps H et on abaisse t.

Citez des expériences où H reste égale à la pression atmosphérique et où l'on abaisse la température.

Liquéfaction de la vapeur d'eau, d'alcool, etc., dans un serpentin entouré d'eau froide (alambic). — Liquéfaction de l'acide sulfureux, de l'acide hypoazotique par un mélange réfrigérant.

Citez une expérience où t reste la température ordinaire et où l'on comprime le gaz.

Liquéfaction de l'acide carbonique par l'appareil de Thilorier.

Citez des expériences où l'on comprime le gaz et on le refroidit en même temps, mais assez faiblement.

Liquéfaction de l'ammoniaque, du chlore, de l'acide sulfhydrique par le tube de Faraday. — Appareil de Carré pour obtenir la glace par liquéfaction de l'ammoniaque.

N'y a-t-il pas des gaz qu'on ne pouvait pas autrefois liquéfier ?

Oui, l'oxygène, l'hydrogène, l'azote, l'air. On avait beau les comprimer, on ne pouvait jamais les liquéfier.

Pourquoi ?

Parce que la température de ces gaz restait supérieure au point critique.

Qu'est-ce que le point critique d'un gaz ?

C'est la température à laquelle un liquide se trans-

forme totalement en vapeur. C'est 31° pour l'acide carbonique, par exemple.

*Pourquoi ne peut-on plus liquéfier un gaz qui est à une
température supérieure à son point critique ?*

Parce que, au-dessus de cette température, il n'y a
plus de distinction possible entre un liquide et un gaz.

*Que faut-il faire pour liquéfier l'oxygène, l'hydrogène,
l'azote, l'air, etc. ?*

Il faut abaisser leur température au-dessous de leur
point critique et les comprimer en même temps très
fortement.

Qu'est-ce qui a fait cette expérience ?
Cailletet et Pictet.

Quelle est la méthode de Cailletet ?

Il comprime d'abord très fortement le gaz, puis le ramène brusquement à la pression atmosphérique.

Il ne le refroidit donc pas ?

Si, car la détente brusque du gaz abaisse considérablement la température. Pendant la détente, le gaz est
donc en même temps très comprimé et très refroidi,
ce qui produit un brouillard.

Quel est le principe de la méthode de Pictet ?

Pictet comprime et refroidit simultanément le gaz,
ce qui lui permet d'en obtenir à l'état liquide de grandes
quantités. Le refroidissement énergique du gaz est obtenu au moyen d'un réfrigérant contenant un liquide
qui bout à une température très basse. Ce liquide est
lui-même obtenu par la même méthode, et au moyen
d'autres liquides qui se liquéfient plus facilement.

Citez des exemples.

L'oxygène s'obtient liquide en le comprimant dans un
tube entouré de formène qui bout à l'air libre à — 160°.
L'azote s'obtient liquide en le comprimant dans un tube

entouré d'oxygène liquide qui bout à l'air libre à — 186°.
L'hydrogène s'obtient liquide et transparent comme de
l'eau, en le comprimant dans un tube entouré d'azote
liquide qui bout à l'air libre à — 213° et en produisant
ensuite une détente qui abaisse encore davantage sa
température.

VII. — Hygrométrie.

*Qu'appelle-t-on état hygrométrique de l'air, ou fraction
de saturation?*

Le rapport de la tension de la vapeur d'eau dans l'air
à la tension maximum de la vapeur d'eau à la même
température.

*Pourquoi ne pas dire, plus simplement, que c'est la ten-
sion actuelle de la vapeur d'eau?*

Pour une température déterminée, l'air sera d'autant
plus humide que la tension actuelle de la vapeur d'eau
sera plus voisine de la tension maximum qui correspond à cette température. Il est donc nécessaire de mesurer le degré d'humidité par le rapport de la tension
actuelle de la vapeur à la tension maximum correspondant à la même température.

*La tension de la vapeur d'eau restant constante, mais la
température variant, comment varie l'état hygrométrique?*

Plus la température augmente, plus la tension maximum augmente, donc plus l'air est relativement sec.
Inversement, quand la température baisse, plus l'air devient humide. Il arrive un moment où cette température devient telle que la pression actuelle de la vapeur
d'eau correspond à la tension maximum; l'air est alors
saturé de vapeur d'eau et il pleut ou il se forme des
brouillards.

* *Quel est le meilleur des hygromètres?*

L'hygromètre chimique.

Sur quel principe repose-t-il?

On fait passer un volume déterminé d'air à travers des tubes contenant une matière desséchante. En pesant ces tubes, avant et après l'expérience, on a le poids p de la vapeur d'eau condensée et primitivement contenue dans le volume V d'air qui a traversé les tubes. On a donc :

$$p = V \times 0,001293 \times 0,622 \times \frac{f}{760} \times \frac{1}{1 + \alpha t},$$

f étant la tension actuelle de la vapeur d'eau dans l'air à la température t, et 0,622 étant la densité de la vapeur d'eau. On déduit f de cette équation et l'on divise par la tension maximum F de la vapeur d'eau qui correspond à la température t.

Le volume d'air introduit dans l'aspirateur est-il égal au volume d'air qui a passé dans les tubes?

Non, car l'air qui a passé dans les tubes n'était pas saturé de vapeur d'eau comme l'est maintenant celui de l'aspirateur. En s'enrichissant de vapeur d'eau, l'air des tubes a donc augmenté de volume dans l'aspirateur.

Comment donc mesurer le volume V de l'air qui a traversé les tubes, quand on connaît le volume U de l'air introduit dans l'aspirateur?

La masse d'air sec qui a traversé les tubes occupe un volume V à la pression H — f, H étant la pression atmosphérique; la même masse d'air sec occupe maintenant dans l'aspirateur le volume U à la pression H — F', F' étant la tension maximum de la vapeur d'eau à la température t' de l'aspirateur. Donc,

$$V(H - f) = U(H - F').$$

Il est donc impossible de résoudre la première équation établie plus haut par rapport à f, puisque V est inconnu?

Oui, aussi faut-il résoudre en même temps les deux

équations précédentes qui sont à deux inconnues, f et V.

A quoi sert le tube desséchant qui se trouve le plus rapproché de l'aspirateur?

A empêcher l'humidité de l'aspirateur de parvenir jusqu'aux autres tubes. Il ne faut donc pas peser ce tube avec les autres.

Pourquoi l'écoulement de l'eau de l'aspirateur doit-il s'effectuer par un tube coudé et non par un tube droit?

L'air rentrerait dans l'aspirateur par un tube droit.

Quel est l'inconvénient de l'hygromètre chimique?

L'opération est trop longue et l'état hygrométrique varie pendant mps.

Quel est le principe de l'hygromètre à condensation?

Si l'on refroidit progressivement un corps au milieu d'une grande masse d'air, on n'altère pas l'état hygrométrique, mais il arrive un moment où la vapeur d'eau qui entoure le corps atteint sa température de saturation et le corps se recouvre alors de rosée. Or, la tension de la vapeur d'eau n'ayant jamais varié pendant cette opération, il en résulte que cette tension est précisément égale à la tension maximum correspondant à la température où la rosée s'est formée.

Que faut-il donc faire pour avoir l'état hygrométrique?

Diviser simplement la tension maximum de la vapeur d'eau à la température de formation de la rosée par la tension maximum de cette même vapeur à la température de l'air.

Prouvez que la tension de la vapeur d'eau ne change pas autour du corps qu'on refroidit.

Soient V un volume limité d'air autour du corps qu'on refroidit, f la tension de la vapeur d'eau et t la température; soit V' le volume de cette même masse d'air quand la température s'abaisse et devient t'. Soit f' la tension de la vapeur d'eau à ce moment. On a, puisque la *masse de vapeur d'eau est constante :*

$$\frac{V \times f}{1 + \alpha t} = \frac{V' \times f'}{1 + \alpha t'}.$$

Or

$$\frac{V}{V'} = \frac{1 + \alpha t}{1 + \alpha t'}, \quad \text{d'où} \quad f = f'.$$

* *Est-ce encore vrai quand la vapeur d'eau est saturante et que la rosée est en train de se former?*

Non, la masse de vapeur d'eau cesse d'être constante, puisqu'une partie se liquéfie.

* *Qu'en conclure au point de vue expérimental?*

C'est qu'il est essentiel de déterminer très rigoureusement la température exacte où commence à se former la rosée.

Comment opère-t-on?

On détermine la température t où commence la rosée, la température t' où elle cesse quand on laisse réchauffer le corps. On prend pour valeur exacte du point de rosée la température $\frac{t + t'}{2}$.

* *Comment fait-on pour rendre plus facile la perception de la rosée?*

Daniell colorait en bleu ou en noir la boule de verre sur laquelle se déposait la rosée. Regnault refroidissait un godet en argent bien poli et plaçait à côté un godet semblable pour mieux saisir par comparaison le moment précis où le premier se ternissait. Enfin, Alluard a rendu ce procédé encore plus sensible en entourant l'une des faces planes du godet d'argent d'une lame d'argent.

* *Comment fait-on pour refroidir le corps?*

Daniell se servait du principe de Watt. Une boule A, remplie d'éther et contenant un thermomètre, était en

communication avec une autre boule B qu'on refroidissait en versant de l'éther sur sa surface recouverte de
mousseline. On avait enlevé l'air dans les boules. L'é-
ther de A distillait très rapidement dans la boule B
et cette distillation refroidissait A.

Regnault opérait plus simplement en faisant passer un
courant d'air à travers le godet d'argent plein d'éther,
ce qui active l'évaporation et produit un refroidissement rapide.

Qu'est-ce que l'hygroscope à cheveu de Saussure?

Un instrument qui indique la plus ou moins grande
humidité de l'air. C'est un cheveu qui s'allonge par l'humidité et se raccourcit par la sécheresse. Fixé à l'une
de ses extrémités, il s'enroule sur une poulie munie
d'une aiguille. Il est tendu par un petit poids fixé à
l'autre extrémité.

*Le cheveu peut-il servir seul à la construction des hy-
groscopes semblables?*

Non, les boyaux, les ongles, les sabots, les cornes ont
les mêmes propriétés.

Quelle est la graduation employée par de Saussure?

Il marque 0° dans l'air complètement sec (on met
l'instrument dans un vase contenant un peu d'acide
sulfurique), et 100° dans l'air complètement humide
(vase contenant un peu d'eau). L'intervalle est divisé en
100 parties égales.

Le degré 100 varie-t-il avec la température?

Non, il est toujours le même quand l'air est saturé
de vapeur d'eau à n'importe quelle température.

Cette graduation donne-t-elle l'état hygrométrique?

Non.

*L'hygroscope à cheveu peut-il servir pour déterminer
l'état hygrométrique?*

Oui, en le graduant par comparaison avec un hygromètre, par exemple celui de Regnault. On peut aussi, comme l'a fait Gay-Lussac, mettre l'instrument dans un vase contenant un mélange en proportions déterminées d'eau et d'acide sulfurique et inscrire l'état hygrométrique correspondant au point où se fixe l'aiguille. Cet état hygrométrique se calcule en divisant la tension de la vapeur d'eau dans l'atmosphère du vase (mesurée par Regnault pour les mélanges d'eau et d'acide sulfurique) par la tension maximum de la vapeur d'eau à la même température.

* *Est-ce un bon instrument?*

Non, le cheveu éprouve des modifications moléculaires qui rendent la graduation fausse. Son seul avantage est de donner des indications rapides.

----

* *Trouvez le poids de l'air sec contenu dans un volume V d'air humide, de température t, d'état hygrométrique e et de pression II.*

On a :

$$p = V \times 0,001293 \times \frac{f}{760} \times \frac{1}{1 + \alpha t},$$

f étant la pression de l'air sec.

Or $f = II - f'$, f' étant la pression de la vapeur d'eau.

Mais $e = \frac{f'}{F}$, F étant la tension maximum de la vapeur d'eau à $t°$. Donc,

$$f = II - eF.$$

* *Trouvez le poids de la vapeur d'eau contenue dans un volume V d'air humide, de température t, d'état hygrométrique e et de pression II.*

On a :

$$p' = V \times d \times 0,001293 \times \frac{eF}{760} \times \frac{1}{1 + \alpha t},$$

d étant la densité de la vapeur d'eau et eF la pression de cette vapeur.

Trouvez le poids de l'air humide ayant un volume V, la température t, l'état hygrométrique e et la pression II.

On a :

$$P = p + p'.$$

VIII. — Météores aqueux.

Quelle est la cause de la rosée?

Le sol se refroidit plus vite que l'air pendant la nuit. Il en résulte que la vapeur d'eau de l'air se condense sur le sol. Sur les feuilles des végétaux, la rosée est due à l'évaporation de la vapeur d'eau par les végétaux.

Quelle est la cause de la gelée blanche?

La même que celle de la rosée, mais le refroidissement du sol est assez considérable pour congeler la rosée.

Comment peut-on empêcher la gelée blanche?

En recouvrant le sol d'une toile, de paille ou même de fumier. On empêche ainsi la chaleur du sol de rayonner dans l'espace.

Quelle est l'influence des nuages?

Ils empêchent le rayonnement et, par suite, la gelée blanche.

Quelle est la cause du givre?

Les gouttes de brouillard sont au-dessous de 0° et par conséquent surfondues. Elles se solidifient brusquement quand le vent les pousse contre les branches d'arbre.

Quelle est la cause des brouillards et des nuages?

C'est une condensation de la vapeur d'eau en bulles microscopiques sous l'influence d'un refroidissement de l'air humide.

Quelles sont les formes des nuages?

Cirrus, ou aiguilles de glace, dans les régions les plus élevées; cumulus, en forme de montagnes, souvent orageux, dans les régions moyennes; nimbus, donnant de la pluie, dans les régions basses; stratus, couches peu épaisses vues suivant la tranche.

Quelle est la cause de la pluie?

C'est un froid plus intense qui crève les bulles du brouillard ou des nuages.

Quelle est la cause de la neige?

C'est une congélation des bulles des nuages. Les cristaux de glace se groupent pour former des figures géométriques remarquables.

Quelle est la cause du verglas?

C'est une solidification brusque des gouttes de pluie en surfusion, en frappant le sol.

Quelle est la cause de la grêle?

Elle est encore peu connue. Les gouttes de pluie en surfusion doivent se congeler au contact d'aiguilles de glace dans les grandes hauteurs de l'air; puis, en tombant et décrivant des hélices, elles forment entre elles des boules d'agglutination semblables à des avalanches de neige. En brisant un grêlon, on voit les couches concentriques.

IX. — Conductibilité.

Qu'appelle-t-on coefficient de conductibilité absolue d'un corps solide pour la chaleur?

C'est la quantité de chaleur qui traverse en une seconde l'unité de surface d'une plaque de ce corps solide, dont l'épaisseur est égale à l'unité de longueur et la différence de température des deux faces égale à 1 degré.

Qu'appelle-t-on coefficient de conductibilité relative d'un corps solide pour la chaleur?

Le rapport du coefficient de conductibilité absolue de ce corps à celui de l'argent. Celui de l'argent est représenté par 100. C'est le plus élevé de tous.

Comment peut-on comparer entre eux les coefficients de conductibilité des corps solides ?

Avec l'appareil d'Ingenhouz. Toutes les tiges doivent avoir même longueur, même section et être recouvertes d'une couche de cire de même épaisseur.

Quels sont les corps les meilleurs conducteurs?

Les métaux.

Quels sont les moins bons conducteurs?

Les corps organisés (bois, plume, laine, etc.).

Les liquides sont-ils bons conducteurs?

Non, sauf le mercure qui est métallique.

Comment prouve-t-on la mauvaise conductibilité d'un liquide?

En le chauffant par le haut et en constatant avec un thermomètre que le bas de la colonne ne s'échauffe presque pas.

Les gaz sont-ils bons conducteurs ?

Très mauvais au contraire, sauf l'hydrogène.

Comment prouve-t-on la bonne conductibilité de l'hydrogène?

Un fil de platine, rougi par un courant électrique dans l'air, cesse de rougir dans une atmosphère d'hydrogène, car sa chaleur est transmise par ce gaz.

Comment s'échauffent les liquides et les gaz?

Par *convection*. Un double courant se produit : un courant chaud, de la surface chauffée vers les régions froides; un courant froid, des régions froides vers la surface chauffée.

Comment empêcher le refroidissement au moyen des gaz?

En empêchant la convection du gaz (doubles carreaux des fenêtres en Russie, vêtements, édredons, etc.).

Quelle est l'action d'une toile métallique sur une flamme?

En coupant une flamme en deux par une toile métallique, on refroidit assez les gaz combustibles qui traversent la toile pour empêcher l'inflammation de ces gaz au-dessus de la toile.

Quelle application a été faite de cette expérience?

La lampe des mineurs (Davy et Combes).

ACOUSTIQUE

I. — Production et propagation du son.

Quels sont les caractères distinctifs des sons?

L'intensité, la hauteur et le timbre.

De quoi dépend l'intensité?

De l'amplitude des vibrations.

De quoi dépend la hauteur?

Du nombre des vibrations exécutées pendant une seconde.

De quoi dépend le timbre?

De la forme des vibrations (voir plus loin pour plus de développements).

Quelle différence y a-t-il entre un son et un bruit?

Un son est produit par des vibrations *pures;* un bruit est le résultat de plusieurs sons mélangés. Dans un orchestre, chaque instrument jouant seul donne un son ; l'ensemble donne encore des sons quand il est soumis à des règles déterminées, mais il ne donne plus qu'un bruit quand chaque instrument joue au hasard. Par comparaison, les couleurs pures représentent des sons, les couleurs mélangées sans ordre des bruits.

Comment le son se propage-t-il dans un milieu quelconque?

Suivant des ondes.

Expliquez bien ce qu'est une onde sonore.

Imaginons un point vibrant. L'ébranlement de ce

point se communique au milieu ambiant, pourvu qu'il soit élastique, et en se maintenant à la surface d'une sphère dont le rayon augmente sans cesse, mais dont le centre, qui est le point vibrant, reste fixe (ronds formés sur l'eau par une pierre, vagues de la mer).

A quel moment percevons-nous un son?

Au moment où l'onde sonore arrive au tympan de l'oreille.

Comment vibre le tympan?

Il vibre exactement comme le corps sonore lui-même, mais un peu après. Les ondes, au fur et à mesure de leur arrivée, reproduisent sur le tympan des mouvements vibratoires identiques à ceux du corps sonore.

Le son se propage-t-il dans le vide?

Non, il lui faut un milieu élastique (expérience de la cloche).

Qu'est-ce qui conduit le mieux le son?

Les solides d'abord, puis les liquides, et enfin les gaz.

II. — Vitesse du son dans l'air.

Qu'est-ce qui prouve que tous les sons se propagent avec la même vitesse dans l'air?

L'air joué par un orchestre n'est pas altéré par la distance. Or, si les sons ne se propageaient pas tous avec la même vitesse, les notes des divers accords se mélangeraient et l'harmonie cesserait.

Quelle est la nature du mouvement de propagation du son dans l'air?

Un mouvement uniforme. Pour le prouver, on tire un coup de canon et les divers observateurs, placés à égales distances les uns des autres sur une même ligne droite, notent les heures auxquelles le son leur parvient. Or on trouve que les intervalles des temps sont égaux partout entre deux stations consécutives.

Pourquoi ce résultat prouve-t-il que le son se meut d'un mouvement uniforme?

Parce que, dans un mouvement uniforme, les espaces parcourus pendant des temps égaux sont égaux.

Qu'appelle-t-on vitesse dans un mouvement uniforme?

L'espace parcouru pendant l'unité de temps, la seconde par exemple.

Qu'appelle-t-on vitesse du son dans l'air?

La distance à laquelle se propage l'onde sonore pendant une seconde.

Comment mesure-t-on cette vitesse?

On tire un coup de canon en A. Un observateur placé en B note l'heure à laquelle il perçoit la lueur du canon, heure qui, à cause de la vitesse considérable de la lumière, est celle où le coup est parti. Il note ensuite l'heure à laquelle il entend le son. La vitesse du son est égale au quotient de la distance des deux stations A et B par la différence des heures observées (expériences faites en 1822 entre Villejuif et Montlhéry).

Pourquoi les stations A et B tirent-elles alternativement des coups de canon?

Pour observer l'influence du vent.

Quelle est l'influence du vent?

Elle est nulle sur la vitesse du son; elle n'altère que son intensité.

Quelle est la vitesse du son dans l'air?

331 mètres par seconde, à 0°.

Quelle est l'influence de la température sur la vitesse du son dans l'air?

Regnault a trouvé qu'elle croît et décroît en même temps que la température. La variation est de $0^m,6$ par degré.

Quelle est la formule qui donne la vitesse v à t° quand on connaît la vitesse v_0 à 0°?

C'est $v = v_0 \sqrt{1 + \alpha t}$, α étant le coefficient de dilatation de l'air.

Quelle est la vitesse du son dans l'eau?

Elle est quatre fois supérieure à celle du son dans l'air (expériences de Sturm et Colladon sur le lac de Genève).

III. — Réflexion du son, écho.

Qu'arrive-t-il quand l'onde sonore frappe un obstacle, un mur plan par exemple?

L'onde se réfléchit, c'est-à-dire qu'elle revient sur elle-même. Son rayon grandit toujours, mais son centre se transporte brusquement, à l'instant de la réflexion, au point symétrique du point sonore par rapport au plan.

Qu'est-ce que l'écho?

Soit une personne émettant un son devant un mur plan. L'onde, après réflexion, revient frapper son oreille et la personne entend de nouveau le son.

D'où semble venir l'écho?

Du point symétrique de la personne par rapport au plan.

Quelle est la cause des échos multiples?

Des réflexions successives du son sur plusieurs surfaces. La personne perçoit le son chaque fois que l'onde rebondissante atteint son oreille.

Comment varie l'intensité du son avec la distance?

Les intensités varient en raison inverse du carré des distances.

Calculez l'intensité de l'écho.

Soient I l'intensité du son émis par la personne à la distance 1, D la distance de la personne au mur. Le son ayant parcouru la distance 2D pour revenir à la personne, l'écho aura pour intensité I', donnée par la relation

$$\frac{I}{I'} = \frac{4D^2}{1};$$

d'où :

$$I' = \frac{I}{4D^2}.$$

Quelle est la condition nécessaire pour qu'il y ait écho?

L'oreille ne peut percevoir distinctement deux sons que si l'intervalle de temps qui les sépare est au moins égal à un dixième de seconde. L'écho ne sera donc perçu distinctement que s'il arrive à l'oreille au bout d'un temps au moins égal à un dixième de seconde après l'émission du son.

Quelle doit être alors la distance minimum de la personne à la muraille?

Le son parcourt environ 340 mètres par seconde à la température ordinaire. En un dixième de seconde, il parcourt donc 34 mètres. Il faut donc que la personne soit éloignée d'au moins 17 mètres de la muraille pour que l'écho soit net.

Qu'arrive-t-il si la distance est inférieure à 17 mètres?

L'écho ne se sépare plus distinctement du son primitif; il se superpose à ce son et le renforce.

Quel nom donne-t-on à ce phénomène?

Résonance (chambres vides, églises).

IV. — Hauteur, intervalles musicaux.

*Comment détermine-t-on le nombre des vibrations exé-
cutées pendant une seconde par un instrument de musique
donnant un certain son?*

On se sert de la sirène inventée par Cagniard de Latour
ou de la méthode graphique.

Qu'est-ce que la sirène?

C'est un instrument de musique où le son est produit
par la rotation d'un disque mobile, percé de trous également espacés suivant une circonférence, tournant au-
dessus d'une plaque immobile percée également d'un
même nombre de trous pouvant exactement se super-
poser à ceux de la plaque mobile. De l'air, comprimé
au moyen d'une soufflerie, passe à travers les trous
de la plaque immobile qui forme le couvercle d'une
boîte.

Comment le son se produit-il?

Quand le disque mobile tourne, il se produit une
succession de coïncidences des trous pendant lesquelles
l'air s'échappe, avec des arrêts intermédiaires du passage de l'air. Or, quand l'air s'échappe, il repousse l'air
extérieur et il se produit une diminution de pression;
quand il y a arrêt, la pression atmosphérique agit en
sens contraire, comble la dépression et produit un courant gazeux de sens opposé au premier. De là une série
de vibrations doubles.

*Combien y a-t-il de vibrations doubles quand le disque
fait un tour?*

Autant qu'il y a de trous dans le disque, car autant
de fois il y a coïncidence des trous et échappement
d'air.

Quel est le mécanisme qui fait tourner le disque mobile?

C'est l'échappement même de l'air comprimé dans la

boîte. Pour cela, les trous du couvercle et du disque mobile sont creusés dans des directions perpendiculaires aux rayons des circonférences des trous, mais inclinés en sens contraires. L'air qui s'échappe des trous du couvercle pousse donc le disque mobile suivant des directions tangentielles et le fait tourner.

Comment compte-t-on le nombre des tours du disque?

Au moyen d'un compteur. L'axe de rotation du disque porte une vis qui s'engrène dans une roue qui tourne d'une division chaque fois que le disque fait un tour. Cette roue, par un système particulier d'engrenages, fait tourner à son tour d'autres roues qui donnent les dizaines et les centaines de rotations de cette première roue.

Calculez le nombre des tours d'après les indications du compteur.

Soient a le chiffre marqué par l'aiguille de la première roue, b celui de la deuxième roue, c celui de la troisième. Le nombre des tours du disque est : $a + 10\,b + 100\,c$.

Quel est alors le nombre des vibrations doubles effectuées par la sirène?

Il suffit de multiplier ce nombre par le nombre des trous du disque mobile.

Comment faut-il opérer avec la sirène pour trouver le nombre des vibrations exécutées pendant une seconde par un instrument donnant un son déterminé?

Quand deux instruments donnent des sons de même hauteur, on dit qu'ils sont à l'unisson. Le nombre des vibrations est alors le même pour chaque instrument pour des temps égaux. On met donc la sirène à l'unisson avec l'instrument, en ayant soin de ne pas faire fonctionner le compteur dont les aiguilles sont toutes aux zéros. On fait alors fonctionner le compteur pendant n secondes, puis on cesse de nouveau le fonctionnement. Il ne reste plus qu'à diviser par *n* le nombre de vibrations trouvé.

Comment peut-on faire fonctionner ou faire cesser de fonctionner. le compteur?

Par un mouvement imprimé à l'ensemble des roues du compteur, on produit l'engrenage de la vis de l'axe de rotation avec la première roue ou on le fait cesser.

Comment obtient-on l'unisson de la sirène avec l'instru-ment?

On augmente progressivement la pression de l'air dans la boîte avec la soufflerie. La vitesse de rotation du disque augmente et la hauteur du son s'élève progressivement. Quand il y a unisson, on ferme l'entrée de l'air dans la boîte. Le disque tourne alors d'un mouvement uniforme pendant quelques secondes et l'on profite de ce moment pour actionner le compteur.

En quoi consiste le procédé graphique?

L'instrument vibrant est muni d'un poil qui touche légèrement la surface d'une feuille de papier recouverte de noir de fumée et enroulée autour d'un cylindre. Ce cylindre est animé d'un mouvement héliçoïdal. Le poil trace donc une courbe sinueuse héliçoïdale sur la surface du papier. Il n'y a plus qu'à compter le nombre des sinuosités tracées pendant une seconde.

Comment opère-t-on pour cela?

Un diapason, dont on connaît le nombre de vibrations pendant une seconde, est également muni d'un poil et trace en même temps une seconde courbe sinueuse sur la feuille de papier. L'opération finie, on étend la feuille sur une table et l'on compte autant de sinuosités sur la seconde courbe que le diapason fait de vibrations pendant une seconde. On trace sur la feuille deux lignes droites parallèles à l'axe du cylindre (en supposant la feuille enroulée sur le cylindre), à l'origine et à la fin des sinuosités comptées. Il ne reste plus qu'à compter le nombre des sinuosités de la première courbe comprises entre ces lignes parallèles.

Pourquoi?

Parce que la distance comprise entre ces lignes représente une durée de rotation du cylindre égale à une seconde.

Peut-on toujours munir l'instrument d'un poil?

Non, c'est souvent impossible. Dans ce cas, on cherche un diapason donnant un son de même hauteur que l'instrument et l'on compte le nombre de vibrations de ce diapason.

Le compteur graphique permet-il de prouver que deux sons à l'unisson exécutent le même nombre de vibrations pendant le même temps?

Oui. Deux instruments à l'unisson ayant tracé en même temps des sinuosités sur le cylindre, on constate qu'il y a le même nombre de sinuosités entre deux lignes parallèles quelconques.

Le compteur graphique permet-il de trouver le rapport des nombres de vibrations exécutées pendant le même temps par deux sons ayant des hauteurs différentes?

Oui. Il suffit de prendre le rapport des nombres de sinuosités entre deux lignes parallèles quelconques.

Tous les sons sont-ils perceptibles à l'oreille?

Non, il faut que les vibrations exécutées pendant une seconde soient supérieures à 30, ou inférieures à 23,000.

Qu'appelle-t-on intervalle de deux sons?

Le rapport des nombres de leurs vibrations pendant un même temps.

Quelle convention fait-on?

On prend toujours le rapport du nombre le plus élevé au nombre le moins élevé, en sorte que tous les intervalles sont supérieurs à 1.

Qu'est-ce que la gamme?

Supposons une corde tendue. En diminuant progressivement la longueur de cette corde, on obtient une infinité de sons différents dont les hauteurs augmentent à mesure que la longueur diminue. Or l'expérience montre que la succession des sons n'est agréable à l'oreille qu'à la condition de faire varier les longueurs suivant des rapports bien déterminés. Les sons ainsi obtenus constituent une série de gammes.

Combien y a-t-il de gammes et combien y a-t-il de notes dans chaque gamme?

En partant de la corde entière et diminuant progressivement sa longueur, on trouve une succession de sept sons agréables à l'oreille. Le huitième son est tel que la longueur de la corde est alors à ce moment la moitié de la longueur primitive. Cette nouvelle corde, moitié de la précédente, fournit une succession de sept sons agréables à l'oreille qui ne se distinguent des sept premiers que par une hauteur plus grande, mais leur effet sur le cerveau reste le même, c'est-à-dire qu'un air joué avec cette nouvelle gamme reste identique à celui qu'on a joué avec la première. Et ainsi de suite, en sorte que la corde primitive est partagée en une série indéfinie de longueurs qui vont sans cesse en décroissant de moitié, ce qui constitue autant de gammes distinctes. Chaque gamme comprend elle-même une série de sept sons, dont les intervalles, rapportés au son qui est en tête de la gamme, se reproduisent identiquement dans chacune des gammes.

Qu'appelle-t-on tonique?

Le son qui commence la gamme.

La tonique est-elle un son qui correspond toujours au même nombre de vibrations?

Non; la gamme se reproduit toujours la même, au point de vue de son action sur le cerveau, quelle que soit la longueur donnée primitivement à la corde, quelle que soit sa tension, quelle que soit la matière qui la compose. La tonique peut donc être un son absolument quelconque.

Qu'est-ce qui fait donc la partie essentielle d'une gamme?

Ce sont uniquement les intervalles des différents sons de la gamme par rapport à la tonique.

Quelle est la tonique fondamentale adoptée conventionnellement en France?

Le son émis par une corde qui donne 65,25 vibrations doubles par seconde. Les gammes successives se désignent par les indices 1, 2, 3, etc., — 1, — 2, etc.

Quelle est la note donnée par le diapason normal qui sert à accorder les instruments de musique?

C'est le *la*$_3$ qui correspond à 435 vibrations doubles par seconde.

Quels sont les intervalles des notes de la gamme rapportés à la tonique?

ut$_1$	ré	mi	fa	sol	la	si	ut$_2$
	$\frac{9}{8}$	$\frac{5}{4}$	$\frac{4}{3}$	$\frac{3}{2}$	$\frac{5}{3}$	$\frac{15}{8}$	2

Quels noms donne-t-on à ces intervalles?

Seconde, tierce, quarte, quinte, sixte, septième et octave.

Quel rapport existe-t-il entre le nombre de vibrations d'une note dans une gamme et le nombre de vibrations de la même note dans la gamme immédiatement supérieure?

Le nombre de vibrations de la note de la seconde gamme est le double des vibrations de la note de la première. Une gamme supérieure se fait donc avec des nombres de vibrations doubles de ceux de la gamme inférieure.

Que représente l'intervalle 1 ?

C'est l'unisson.

Quels sont les intervalles des notes de la gamme prises deux à deux en se suivant?

Pour les obtenir, il suffit de diviser chacun des intervalles de la gamme rapportés à la tonique par l'intervalle qui précède immédiatement. On trouve :

$$ut_1 \quad ré \quad mi \quad fa \quad sol \quad la \quad si \quad ut_2$$
$$\frac{9}{8} \quad \frac{10}{9} \quad \frac{16}{15} \quad \frac{9}{8} \quad \frac{10}{9} \quad \frac{9}{8} \quad \frac{16}{15}$$

Quels noms donne-t-on à ces intervalles?

Ton majeur $\frac{9}{8}$, ton mineur $\frac{10}{9}$, demi-ton $\frac{16}{15}$.

Pourquoi ces désignations de ton majeur et de ton mineur?

Parce que $\frac{9}{8}$ est supérieur à $\frac{10}{9}$.

Quel nom donne-t-on à l'intervalle d'un ton majeur à un ton mineur?

C'est le comma, qui est $\frac{81}{80}$.

Qu'appelle-t-on accord parfait?

L'accord très agréable à l'oreille que donnent trois notes émises ensemble. Les nombres de vibrations de ces notes sont entre eux comme les nombres 4, 5 et 6.

Quels sont les accords parfaits?

Il y en a trois : fa_1 la_1 ut_2 — ut_2 mi_2 sol_2 — sol_2 si_2 $ré_3$.

L'accord parfait ne sert-il pas de base à la formation de la gamme?

Si. Il suffit de prendre les intervalles de chaque note à la tonique pour retrouver les nombres $\frac{9}{8}, \frac{5}{4}, \frac{4}{3}$, etc., en partant de ce fait que les nombres de vibrations des notes *fa₁ la₁ ut₂ — ut₂ mi₂ sol₂ — sol₂ si₂ ré₃* sont entre eux comme les nombres 4, 5 et 6.

Qu'est-ce que diéser une note ?

C'est multiplier le nombre de ses vibrations par $\frac{25}{24}$.

Dans quel but ?

Pour transformer un ton en un demi-ton. On a, en effet :

$$\frac{10}{9} \times x = \frac{16}{15} \; ;$$

d'où

$$x = \frac{25}{24}.$$

Pourquoi choisir le ton mineur $\frac{10}{9}$?

Parce que le ton majeur $\frac{9}{8}$ donne un rapport moins simple.

Qu'est-ce que bémoliser une note ?

C'est multiplier le nombre de ses vibrations par $\frac{24}{25}$, dans le but de transformer un ton en un demi-ton.

Dans quels cas a-t-on besoin de diéser ou de bémoliser les notes ?

C'est quand on change de tonique. Supposons qu'on veuille commencer la gamme par la note *ré*. Les autres notes ne formeront plus entre elles, de deux en deux, les intervalles voulus. Là où il faut un ton, on trouvera un demi-ton ou réciproquement. On obtiendra donc les intervalles nécessaires en diésant ou en bémolisant certaines notes.

Qu'appelle-t-on gamme tempérée ?

Une gamme se rapprochant de la gamme vraie, mais

beaucoup plus simple. Elle est nécessaire pour les instruments imparfaits, où les notes ne peuvent être qu'en petit nombre pour la commodité du musicien. Un bon violoniste joue toujours avec la gamme vraie. Les seuls instruments parfaits sont donc les violons de toutes tailles où les cordes sont diminuées de longueur par le musicien lui-même.

Quelles sont les modifications qu'on a fait subir à la gamme vrai?

Entre deux notes consécutives, il y a le dièse de la première et le bémol de la seconde; on a commencé par confondre ce dièse avec ce bémol. Puis on a rendu tous les intervalles égaux entre eux.

Combien y a-t-il alors d'intervalles?

Il y a 12 notes dans la gamme et 12 intervalles.

$$ut_1 - ut\sharp - ré - ré\sharp - mi - fa - fa\sharp - sol - sol\sharp - la - la\sharp - si - ut_2$$

Quelle est la valeur de l'intervalle?

L'octave 2 ayant été partagée en 12 intervalles égaux, on a pour l'intervalle x :

$$x^{12} = 2;$$

d'où

$$x = \sqrt[12]{2} = 1,060.$$

V. — Vibrations transversales des cordes. Harmoniques. — Timbre des sons.

Quelle est la formule qui donne toutes les lois des vibrations transversales des cordes?

C'est

$$n = \frac{1}{2rl} \sqrt{\frac{gP}{\pi d}};$$

n est le nombre des vibrations doubles par seconde, r le rayon de la corde, l sa longueur, P le poids tenseur, d son poids spécifique, g l'intensité de la pesanteur qui est constante pour un même lieu, π le rapport de la circonférence au diamètre. P, r et l doivent être exprimés en unités correspondantes. Par exemple, P étant exprimé en kilos, r et l doivent être exprimés en décimètres.

Énoncez ces lois.

1° Les nombres de vibrations de deux cordes ayant même rayon, même poids tenseur et même poids spécifique, sont en raison inverse des longueurs des cordes.

2° Les nombres de vibrations de deux cordes ayant même longueur, même poids tenseur et même poids spécifique, sont en raison inverse des rayons des cordes.

3° Les nombres de vibrations de deux cordes ayant même longueur, même rayon et même poids spécifique, sont en raison directe des racines carrées des poids tenseurs.

4° Les nombres de vibrations de deux cordes ayant même longueur, même rayon et même poids tenseur, sont en raison inverse des racines carrées des poids spécifiques.

Avec quel instrument démontre-t-on ces quatre lois?

Avec le sonomètre. C'est une caisse sonore en bois de sapin sur laquelle on tend deux cordes au moyen de poids ou au moyen de chevilles sur deux chevalets.

Comment vérifier la première loi?

On tend les deux cordes de manière à les mettre à l'unisson. Au moyen d'un chevalet mobile, on partage l'une des cordes en deux parties égales et l'on constate que chaque moitié donne l'octave de la corde restée intacte.

Quelles sont les longueurs qu'il faut donner à une corde pour obtenir les notes de la gamme?

Soient n le nombre des vibrations effectuées par la corde entière qui donne la tonique, et l sa longueur; soit n' le nombre des vibrations effectuées par la lon-

gueur l' de la corde au moment où elle donne le *ré*.
On a :

$$\frac{n'}{n} = \frac{9}{8} \quad \text{et} \quad \frac{n}{n'} = \frac{l'}{l};$$

donc,

$$\frac{l}{l'} = \frac{9}{8},$$

d'où

$$l' = \frac{8}{9} l.$$

En général, les longueurs donnant les notes de la gamme sont donc les inverses des intervalles de la gamme rapportés à la tonique, la longueur de la corde étant prise pour unité.

Comment vérifier la seconde loi ?

On tend deux cordes de même longueur, ayant mêmes poids tenseurs, composées de la même matière et ayant des rayons 1 et 2. Celle de rayon 1 donne l'octave supérieure de celle de rayon 2.

Comment vérifier la troisième loi ?

On tend deux cordes de même longueur, de même rayon, de même substance, mais dont les poids tenseurs sont 1 et 4. La seconde donne l'octave supérieure de la première.

Comment vérifier la quatrième loi ?

On tend deux cordes de même longueur, de même rayon, de mêmes poids tenseurs, dont les poids spécifiques sont d et d'. On constate que l'intervalle des deux sons rendus est :

$$i = \frac{n'}{n} = \sqrt{\frac{d}{d'}}.$$

Qu'appelle-t-on sons formant une série harmonique ?

C'est une série de sons dont les nombres de vibrations sont respectivement proportionnels aux nombres 1, 2, 3, 4, etc., c'est-à-dire à la suite des nombres entiers.

Quelles sont les notes qui correspondent à une série harmonique?

Prenons pour tonique le premier son. Le second, faisant un nombre double de vibrations, est l'octave ut_2 de la tonique ut_1. Le troisième, faisant un nombre triple de vibrations, est à un intervalle $\frac{3}{2}$ par rapport à ut_2 : c'est donc sol_2. Et ainsi de suite. On trouve le tableau suivant :

$$1 \quad 2 \quad 3 \quad 4 \quad 5 \quad 6 \quad 7 \quad 8 \quad 9 \quad 10 \quad 11 \quad 12 \dots$$
$$ut_1 \quad ut_2 \quad sol_2 \quad ut_3 \quad mi_3 \quad sol_3 \quad si\flat \quad ut_4 \quad ré_4 \quad mi_4 \quad fa_4 \quad sol_4 \dots$$

Une même corde peut-elle donner, sans changer de longueur, tous les sons de la série harmonique?

Oui, il suffit pour cela de pincer légèrement la corde à la moitié, au tiers, au quart, etc., de sa longueur. Il se produit une série de *nœuds* et de *ventres* qui partagent la corde en deux, trois, quatre, etc., parties égales vibrant toutes ensemble à l'unisson.

Qu'appelle-t-on nœuds?

Les points de la corde immobiles.

Qu'appelle-t-on ventres?

Les régions où les vibrations atteignent une valeur maximum.

Comment distinguer les nœuds et les ventres?

Avec des cavaliers de papier, ou encore plus simplement en blanchissant la corde, ce qui rend les vibrations visibles à l'œil.

Quelle est la cause du timbre dans un instrument de musique?

Le timbre dépend du nombre et de la nature des

sons harmoniques que produit l'instrument conjointement avec le son principal qui domine. C'est pour cette raison que nous avons pu dire que le timbre dépend de la forme des vibrations, qui sont plus ou moins complexes.

Comment peut-on prouver ce fait?

Par l'analyse et la synthèse des sons (M. Helmoltz).

Comment fait-on l'analyse des sons?

Au moyen des résonnateurs.

Comment fait-on la synthèse des sons?

En faisant vibrer simultanément une série de diapasons.

OPTIQUE

I. — Photométrie.

Qu'appelle-t-on éclairement d'une surface ?

C'est la quantité de lumière reçue par l'unité de surface.

Comment varie l'éclairement d'une surface éclairée normalement par une source lumineuse rayonnant dans tous les sens ?

Les éclairements sont inversement proportionnels aux carrés des distances de la source lumineuse à la surface éclairée.

Donnez la démonstration.

Considérons deux sphères de rayons R et R', ayant pour centre commun la source lumineuse. Leurs surfaces reçoivent la même quantité totale de lumière Q. Les éclairements E et E' sont donc :

$$E = \frac{Q}{4 \pi R^2}, \qquad E' = \frac{Q}{4 \pi R'^2};$$

d'où

$$\frac{E}{E'} = \frac{R'^2}{R^2}.$$

Or R et R' sont précisément les distances des surfaces éclairées à la source lumineuse.

Qu'appelle-t-on intensité d'une source lumineuse ?

C'est l'éclairement produit par la source sur l'unité de surface, perpendiculaire à la direction des rayons qui l'éclairent, et située à l'unité de distance.

Quelle est l'unité théorique d'intensité lumineuse ?

C'est l'intensité d'une surface d'un centimètre carré de platine fondu, au moment où il va se solidifier.

Quelle est l'unité pratique ?

C'est la *carcel-heure*, c'est-à-dire l'intensité d'une lampe carcel brûlant par heure 42 grammes d'huile de colza.

Quelle est la méthode qui permet de comparer entre elles les intensités de deux sources lumineuses ?

On éclaire une surface au moyen de la première source lumineuse, d'intensité I, placée à une distance D. L'éclairement E est :

$$E = \frac{I}{D^2}.$$

I étant l'éclairement à la distance 1, l'éclairement à la distance D sera en effet $\frac{I}{D^2}$.

On éclaire une seconde surface semblable à la première au moyen de la seconde source d'intensité I', placée à une distance D' telle que l'éclairement soit le même que pour la première surface. On a :

$$E = \frac{I'}{D'^2} ;$$

donc,

$$\frac{I}{D^2} = \frac{I'}{D'^2},$$

d'où

$$\frac{I}{I'} = \frac{D^2}{D'^2}.$$

Quelle surface d'éclairement choisit-on ?

Une feuille de papier frotté avec de la cire blanche de manière à le rendre translucide.

Pourquoi ne pas employer de l'huile?

L'huile s'oxyde et jaunit.

Quels sont les principaux photomètres?

Ceux de Bunsen, de Bouguer et de Rumford.

Quel est le principe de celui de Bunsen?

Une tache d'huile sur une feuille de papier devient invisible quand elle est également éclairée sur les deux faces.

A quoi servent les deux miroirs?

A voir simultanément les deux faces de la tache.

Quel est le perfectionnement qu'a fait subir Foucault au photomètre de Bouguer?

En déplaçant la paroi qui sépare les deux sources lumineuses au moyen d'une vis micrométrique, on fait disparaître la ligne noire ou lumineuse qui coupe en deux parties la feuille éclairée, ce qui rend la comparaison des éclairements beaucoup plus facile.

Peut-on comparer avec ces photomètres des sources lumineuses quelconques?

Non, il faut que les sources comparées émettent des lumières de même coloration. On ne peut comparer les éclairements produits avec des couleurs différentes.

II. — Lois de la réflexion. — Miroirs plans.

Quelles sont les lois de la réflexion?

1° Le rayon incident, le rayon réfléchi et la normale, élevée au point d'incidence à la surface réfléchissante, sont dans un même plan;

2° L'angle d'incidence est égal à l'angle de réflexion.

Quel est l'appareil qui sert à démontrer ces lois, dans le cas où la surface réfléchissante est un plan?

L'appareil de Silbermann. C'est un cercle, dont le

plan est vertical, et qui porte à son centre un miroir plan horizontal. Un rayon lumineux, parallèle au plan du cercle, tombe sur le miroir en un point qui coïncide avec le centre du cercle. Or on constate : 1° que le rayon réfléchi est lui-même parallèle au plan du cercle, ce qui démontre la première loi ; 2° que l'angle d'incidence est égal à l'angle de réflexion.

Quel nom donne-t-on à la réflexion qui a lieu suivant ces lois?

Réflexion régulière. Elle est produite par une surface bien polie.

Qu'est-ce que la réflexion irrégulière ou diffusion?

Quand une surface est rugueuse, il se produit des réflexions de lumière dans tous les sens. Ce phénomène se nomme réflexion irrégulière ou diffusion.

Quelle est l'importance de la réflexion irrégulière?

On ne voit que la partie des objets qui émet ou réfléchit des rayons lumineux dans l'œil. Les objets polis, ne réfléchissant les rayons lumineux que suivant des directions déterminées, ne peuvent être vus qu'en partie; au contraire, les objets rugueux, réfléchissant de la lumière dans toutes les directions, sont vus dans tous leurs détails.

Qu'est-ce qu'un point lumineux réel?

Un point d'où partent réellement des rayons lumineux.

Comment se fait la vision dans l'œil?

La rétine doit être comparée à une plaque photographique sensible. Elle est impressionnée par tous les rayons lumineux qui viennent la frapper. Quand les rayons ne se concentrent pas sur la rétine, ils donnent une vision vague, sans formes distinctes; au contraire, il y a des images nettes quand les rayons se concentrent juste en des points déterminés de la rétine.

Un point lumineux de concentration se formant sur la rétine, dans quelle direction rapportons-nous la position de l'objet d'où a émané la lumière ?

Nous croyons que l'objet se trouve sur la ligne droite qui part du point de la rétine impressionné, et qui passe par le centre du cristallin.

Peut-on énoncer ce fait d'une autre façon, plus commode dans la pratique ?

Oui ; on peut dire que l'on croit voir la lumière dans le prolongement de la dernière direction suivant laquelle elle pénètre dans l'œil. De là naissent à chaque instant pour l'œil de nombreuses illusions.

Qu'est-ce que l'œil voit donc en réalité ?

Seulement les images formées sur la rétine. Le reste est une conséquence de jugements fournis par l'expérience.

Comment sont distribués les rayons, issus d'un point lumineux réel, après réflexion sur un miroir plan ?

Ils divergent tous, mais leurs prolongements passent par un point, symétrique du point lumineux réel par rapport au miroir.

Que croit voir l'œil quand il reçoit ces rayons divergents ?

Ces rayons pénètrent en partie dans l'œil et vont former un point lumineux sur la rétine. L'œil croit alors que la lumière lui vient du point où ces rayons prolongés se rencontrent derrière le miroir.

Quel nom donne-t-on à ces points qui n'existent pas réellement et qui ne sont qu'une illusion de l'œil ?

On les nomme images virtuelles.

L'image d'un objet dans un miroir plan est-elle superposable à l'objet ?

Non ; comme symétrique, elle est semblable à l'objet,

mais non superposable (main droite et main gauche).

Qu'appelle-t-on principe de la marche inverse des rayons lumineux?

Tout phénomène se produisant quand les rayons lumineux suivent une certaine direction, se reproduit identique à lui-même quand les rayons suivent la direction inverse.

Faites une application de ce principe à la réflexion sur un miroir plan des rayons émanés d'un point lumineux.

Nous avons vu que les rayons, émanés d'un point A, divergent après réflexion sur le miroir et que leurs prolongements passent par un point A' symétrique de A par rapport au miroir. Inversement, des rayons convergents, et qui passeraient tous au même point A' si le miroir n'existait pas, vont converger au point A après réflexion sur le miroir.

Quel nom donnerez-vous à un point où aboutiraient les rayons lumineux, s'ils n'étaient pas arrêtés sur leur passage par un objet quelconque?

Point ou objet virtuel.

Qu'est-ce que le champ d'un instrument d'optique?

La partie de l'espace visible pour l'œil dans l'instrument.

Quel est le champ d'un miroir plan, pour une position déterminée de l'œil?

C'est l'intérieur d'un cône, ayant pour sommet le point symétrique de l'œil par rapport au miroir et pour base le miroir.

Quels sont les meilleurs miroirs?

Les surfaces métalliques polies.

Pourquoi les miroirs en verre étamé sont-ils mauvais?

Parce qu'ils donnent des images multiples qui se superposent en partie et se troublent mutuellement. La surface de verre agit elle-même comme miroir et donne une première image peu visible. Le tain agit ensuite comme miroir principal et donne l'image de beaucoup la plus visible. Les autres images pâles sont produites par des réflexions multiples des rayons lumineux qui se réfléchissent successivement à travers l'épaisseur de la lame de verre sur la couche d'air et sur le tain. Il faut se placer normalement au miroir pour obtenir des images nettes, parce que dans cette position il y a superposition des images.

Comment se comporte un rayon lumineux en tombant sur une surface transparente?

Une partie se réfléchit et l'autre pénètre dans la masse transparente.

Dans quel cas l'intensité du rayon réfléchi est-elle maximum?

Sous l'incidence de 90°, dite rasante. L'intensité du rayon pénétrant ou réfracté est alors minimum.

Dans quel cas l'intensité du rayon réfléchi est-elle minimum?

Sous l'incidence 0° ou normale. Celle du rayon réfracté est alors maximum.

Combien y a-t-il d'images multiples d'un point lumineux placé entre deux miroirs angulaires (l'angle des miroirs est contenu 2n fois dans la circonférence)?

Il y en a 2n, en comptant le point lumineux lui-même comme un objet.

Où sont placées toutes ces images?

Sur une circonférence ayant pour centre le point d'intersection de l'arête d'intersection des deux miroirs plans avec le plan vertical à cette arête mené par le point lumineux, et ayant pour rayon la distance du point lumineux au centre.

Comment sont distribuées ces images?

En appelant *a* et *b* les distances comptées sur la circonférence du point lumineux aux deux miroirs, elles se succèdent régulièrement à des distances qui sont alternativement 2*a* et 2*b*.

Quelle application a été faite de ces images multiples?

Le kaléidoscope, qui sert aux dessinateurs pour observer des dessins nouveaux.

Combien y a-t-il d'images multiples d'un point lumineux placé entre deux miroirs parallèles?

Une infinité. Elles sont toutes sur la perpendiculaire abaissée du point lumineux sur les miroirs. Elles sont à des distances qui sont alternativement 2*a* et 2*b*, en appelant *a* et *b* les distances du point aux miroirs.

III. — Miroirs sphériques.

Qu'appelle-t-on miroir sphérique?

Une portion de sphère détachée par un plan.

Quand est-il concave?

Quand la surface réfléchissante est à l'intérieur de la sphère.

Quand est-il convexe?

Quand la surface réfléchissante est à l'extérieur de la sphère.

Qu'est-ce que le centre du miroir?

Le centre de la sphère.

Qu'est-ce que l'axe du miroir?

Le rayon de la sphère perpendiculaire au plan de section.

Qu'est-ce que le sommet du miroir?

Le point où l'axe principal perce la sphère.

Qu'est-ce qu'un axe secondaire ?

Un rayon quelconque de la sphère.

Qu'est-ce que l'ouverture ?

L'angle au sommet du cône ayant pour sommet le centre du miroir et pour base le miroir.

Que suppose-t-on toujours en étudiant les miroirs sphériques ?

Que l'ouverture du miroir n'est que d'un petit nombre de degrés.

Cela signifie-t-il que le miroir est petit ?

Non; il peut être aussi grand qu'on veut, à la condition que le rayon devienne très grand.

Comment se réfléchissent les rayons lumineux parallèles à l'axe principal ?

Ils viennent tous converger en un point qu'on nomme *foyer*, et qui est situé sur l'axe principal, à égale distance du sommet et du centre du miroir.

Est-ce rigoureusement vrai ?

Non, ce n'est exact que pour les rayons très rapprochés de l'axe. Plus les rayons s'écartent de l'axe, et plus leur rencontre, après réflexion, se fait de plus en plus près du sommet du miroir, donnant naissance à une surface lumineuse qu'on appelle *caustique par réflexion*. Cette surface est le lieu géométrique des points de rencontre des rayons réfléchis de deux en deux.

Quel nom donne-t-on à ce phénomène ?

Aberration de sphéricité. L'aberration diminue avec l'ouverture du miroir.

Comment se réfléchissent les rayons lumineux issus d'un point situé sur l'axe principal ?

Ils passent tous par un point situé sur l'axe principal.

Est-ce rigoureusement vrai?

Ce n'est vrai que pour les rayons inclinés sur l'axe d'un angle α assez petit pour qu'on puisse confondre cos α avec l'unité.

Quelle est la formule qui donne la position de l'image d'un point lumineux situé sur l'axe principal?

Prenons pour origine des distances le sommet du miroir, et comptons positivement ces distances du côté de l'intérieur du miroir et négativement du côté de l'extérieur. On a, en appelant p et p' les distances de l'objet et de l'image au sommet, R le rayon du miroir et f la distance focale :

$$\frac{1}{p'} + \frac{1}{p} = \frac{2}{R} = \frac{1}{f}.$$

Donnez la formule de Newton.

Prenons pour origine le foyer du miroir, et désignons par π et π' les distances de l'objet et de l'image à ce foyer. On a :

$$\pi\pi' = f^2.$$

Que remarquons-nous à l'inspection de ces formules?

On voit que p et p' ou π et π' sont conjugués. L'image prend la place du point lumineux quand on met celui-ci à la place occupée primitivement par l'image.

Quels résultats donne la discussion de ces formules?

Désignons par P le point lumineux et par P' l'image :

1° P est à l'infini positif (à l'intérieur du miroir), c'est-à-dire que les rayons incidents sont parallèles à l'axe : P' est au foyer.

2° P marche de cet infini au centre : P' marche du foyer au centre.

3° P est au centre : P' est au centre.

4° P marche du centre au foyer : P' va du centre à l'infini positif.

5° P est au foyer : P' est à l'infini positif, c'est-à-dire que les rayons réfléchis sont tous parallèles à l'axe (réflecteurs). Jusqu'ici, l'image P' a toujours été réelle. On a pu la recueillir sur un écran.

6° P marche du foyer au sommet du miroir : P' devient virtuel et marche, derrière le miroir, de l'infini négatif au sommet. Pratiquement, cela veut dire que les rayons réfléchis divergent tous, mais que leurs prolongements passent tous en un même point P' situé derrière le miroir. On ne peut recueillir P' sur un écran.

7° P est sur le miroir : P' coïncide avec lui.

8° P marche du sommet à l'infini négatif : P' redevient réel et marche du sommet au foyer. Cela signifie pratiquement que les rayons incidents convergent tous vers un point virtuel situé derrière le miroir et qu'alors les rayons réfléchis convergent en avant du miroir.

Quelle conséquence tirer de cette discussion au point de vue des signes des quantités P et P' ?

Les signes $+$ signifient que P et P' sont réels et les signes $-$ que P et P' sont virtuels.

Étant données la position et la grandeur d'une droite, perpendiculaire à l'axe principal, trouvez la position et la grandeur de son image.

L'image est également une droite perpendiculaire à l'axe principal. Soient p et p' les distances de l'objet et de l'image au sommet du miroir, O et I les longueurs des dimensions homologues de l'objet et de l'image, on a :

$$\frac{1}{p'}+\frac{1}{p}=\frac{2}{R}=\frac{1}{f};$$

$$\frac{O}{I}=\frac{p}{p'}.$$

Ces deux équations déterminent p' et I en fonction de p, de O et de R ou f.

Donnez les résultats de la discussion de ce problème.

Nous laisserons à l'objet O une grandeur constante, et nous le ferons voyager depuis l'infini positif jusqu'à l'infini négatif.

1° O est à l'infini positif : l'image I est réelle et se réduit à un point, le foyer.

2° O marche de l'infini au centre : I marche du foyer au centre, grandissant, toujours plus petite que l'objet, réelle et renversée.

3° O est au centre : I est au centre, égale à l'objet (expérience du bouquet).

4° O marche du centre au foyer : I marche du centre à l'infini positif, réelle, grandissant toujours jusqu'à devenir infinie, plus grande que l'objet par conséquent et renversée.

5° O est au foyer : I est à l'infini.

6° O marche du foyer au sommet : I marche de l'infini négatif au sommet, virtuelle, droite et plus grande que l'objet.

7° O est au sommet : I est au sommet et coïncide avec O.

8° O devient virtuel et marche du sommet à l'infini négatif : I devient réelle, droite, plus petite que l'objet.

9° O est à l'infini négatif : I est au foyer et de dimension nulle.

Les images réelles existent-elles indépendamment de l'œil ?

Oui, elles ont une existence propre.

Les images virtuelles existeraient-elles sans l'œil ?

Non, elles sont une pure illusion de l'œil. Elles se forment sur la rétine, mais n'ont pas d'existence réelle, dans l'espace.

Comment détermine-t-on le foyer d'un miroir concave ?

1° On dirige l'axe du miroir vers le centre du soleil et l'on cherche le point de concentration de la lumière.

2° On place un point lumineux à une distance p du sommet sur l'axe, et l'on cherche la distance p' de son image au sommet. On applique la formule.

$$\frac{1}{p'} + \frac{1}{p} = \frac{1}{f},$$

où f est l'inconnue.

Quelle est la formule des miroirs convexes?

Soient p la distance du point lumineux situé sur l'axe principal au sommet du miroir, p' la distance de l'image au sommet, f la distance focale ou $\dfrac{R}{2}$. On a :

$$\frac{1}{p'} - \frac{1}{p} = \frac{2}{R} = \frac{1}{f}.$$

Les distances sont comptées positivement du côté de la surface réfléchissante et négativement du côté intérieur de la sphère. Les quantités positives correspondent à des objets ou à des images réels, les quantités négatives à des objets ou à des images virtuels.

Peut-on passer facilement des résultats trouvés avec les miroirs concaves à ceux que donnent les miroirs convexes?

Oui. Étant construite une figure pour un cas particulier de miroir concave, il suffira de prolonger les rayons incidents et réfléchis de l'autre côté du miroir, en changeant le sens des rayons, pour obtenir le cas correspondant dans le miroir convexe : seulement, les objets et les images réels deviennent virtuels, et réciproquement.

Au point de vue des constructions géométriques, quelle différence très importante existe-t-il entre un miroir concave et un miroir convexe?

Les rayons parallèles à l'axe passent réellement par le foyer après réflexion dans le miroir concave; dans le miroir convexe, ce sont seulement les prolongements des rayons réfléchis qui passent par le foyer toujours virtuel.

Comment détermine-t-on le foyer d'un miroir convexe?

On perce un écran de deux petites ouvertures et on le place devant le miroir, perpendiculairement à l'axe. On fait arriver des rayons parallèles à l'axe qui, passant à travers les ouvertures, se réfléchissent sur le miroir et viennent former deux taches lumineuses sur l'écran. On approche ou on éloigne l'écran jusqu'à ce que la distance des deux taches lumineuses soit le double de la distance des deux ouvertures. A ce moment, l'écran est à une distance du sommet du miroir égale à la distance focale.

IV. — Lois de la réfraction. — Prismes.

Qu'appelle-t-on réfraction?

La déviation subie par la lumière quand elle passe d'un milieu dans un autre.

Quelles sont les lois de la réfraction?

1° Le rayon incident, le rayon réfracté et la normale, élevée au point d'incidence à la surface de séparation des deux milieux, sont dans un même plan;

2° Le sinus de l'angle d'incidence et le sinus de l'angle de réfraction sont dans un rapport constant, quand on fait varier l'angle d'incidence (loi de Descartes).

Avec quel instrument démontre-t-on ces deux lois?

Avec l'appareil de Silbermann.

Pourquoi la cuvette est-elle cylindrique?

Pour que le rayon réfracté, arrivant dans une direction normale sur les surfaces de séparation de l'eau et du verre, du verre et de l'air, n'éprouve plus de déviation.

Avec quoi mesure-t-on le sinus?

Avec une règle horizontale, mobile le long du pied vertical, et graduée en millimètres. Les rayons des alidades doivent être égaux pour la comparaison des sinus.

Qu'appelle-t-on indice de réfraction absolue d'une substance?

Le rapport $N = \dfrac{\sin i}{\sin r}$ quand la lumière passe du vide dans la substance.

Qu'appelle-t-on indice de réfraction d'une substance A par rapport à une autre substance B ?

Le rapport $n = \dfrac{\sin i}{\sin r}$ quand la lumière passe de B dans A.

Quel est l'indice de réfraction de B par rapport à A?

C'est $\dfrac{1}{n}$.

Connaissant les indices de réfraction absolue N et N' de A et de B, quel est l'indice de réfraction de A par rapport à B?

C'est $n = \dfrac{N}{N'}$.

Que dit-on de A et de B quand n est plus grand que 1?

On dit que A est plus réfringent que B.

Que dit-on de A et de B quand n est plus petit que 1 ?

On dit que A est moins réfringent que B.

Comment se réfracte un rayon lumineux à travers une lame à faces parallèles?

Le rayon de sortie est parallèle au rayon d'entrée.

Comment se réfracte un rayon lumineux en passant à travers une suite de lames à faces parallèles ?

Le rayon de sortie devient parallèle au rayon d'entrée, quand il rentre dans le même milieu que celui où voyageait le rayon d'entrée.

Pourquoi un objet plongé dans l'eau paraît-il relevé?

Parce que les rayons lumineux, issus de l'objet, s'écartent de la normale en passant de l'eau dans l'air. L'œil reçoit donc un faisceau divergent qui donne naissance à une image virtuelle plus relevée que l'objet.

Quelle est la cause de la réfraction atmosphérique?

Tout rayon venu du vide passe dans des couches d'air de plus en plus denses et se rapproche peu à peu des normales. Finalement, l'œil voit la lumière dans le prolongement de la tangente menée du point d'entrée dans l'œil à la courbe suivie par le rayon lumineux. Les objets semblent donc relevés vers le zénith.

———

De la lumière venant de tous les points du ciel, comment pénètre cette lumière dans une masse d'eau, dont la surface horizontale est recouverte d'un voile opaque, percé d'une petite ouverture?

Elle pénètre dans l'intérieur d'un cône, ayant pour sommet l'ouverture, pour axe la normale à la surface liquide et pour angle au sommet l'angle limite.

Qu'est-ce que l'angle limite?

L'angle que fait avec la normale le rayon réfracté dans l'eau qui provient du rayon incident parallèle à la surface liquide (rayon rasant).

* *Quelle est la valeur de l'angle limite?*

On a : $\dfrac{\sin i}{\sin r} = n$. Or, l'angle incident ayant pour valeur 90° et l'angle réfracté limite étant λ, on a :

$$\frac{1}{\sin \lambda} = n$$

ou

$$\sin \lambda = \frac{1}{n}.$$

De la lumière venant de tous les points de la même masse d'eau, comment se fera la sortie dans l'air de tous les rayons lumineux?

Les rayons situés dans le cône limite sortiront seuls dans l'air. Les autres se réfléchissent sur la surface de l'eau, qui se comportera comme un vrai miroir plan.

Quel nom donne-t-on à ce phénomène?

Réflexion totale.

D'où vient cette désignation?

Les rayons venus de l'intérieur du cône limite ne sortent que partiellement dans l'air et éprouvent aussi sur la surface du liquide une réflexion partielle. Les autres éprouvent une réflexion totale.

Peut-il y avoir réflexion totale pour des rayons passant d'un milieu moins réfringent dans un milieu plus réfringent?

Non, il n'y a réflexion totale que pour des rayons passant d'un milieu plus réfringent dans un milieu moins réfringent.

Un point lumineux étant situé dans un milieu plus réfringent, quels sont les rayons qui pourront sortir dans un milieu moins réfringent?

Ne sortiront que les rayons situés dans l'intérieur d'un cône ayant pour sommet le point lumineux, pour axe la normale au plan de séparation des deux milieux et pour angle l'angle limite. Les autres se réfléchiront totalement (expérience du bouchon et de la tête d'épingle).

———

Qu'est-ce qu'un prisme?

La portion de matière comprise entre deux plans qui se coupent.

Qu'est-ce que le sommet d'un prisme?

L'arète d'intersection des deux plans.

Qu'est-ce que la base?

La région opposée au sommet.

Dans quelle position suppose-t-on toujours placé le rayon lumineux qui pénètre dans un prisme?

On suppose qu'il est dans un plan perpendiculaire au sommet du prisme.

Quelle est l'action d'un prisme en verre sur un rayon lumineux simple qui le traverse?

Le rayon subit deux déviations qui le rapprochent toujours de la base du prisme.

Quel est l'effet produit sur l'œil par ce rayon deux fois réfracté?

L'œil voit un point lumineux dans le prolongement du rayon, relevé vers le sommet du prisme par rapport au point lumineux vrai.

Qu'est-ce qu'un rayon lumineux simple?

Un rayon composé d'une seule espèce de lumière, par exemple celle de la flamme de l'alcool salé.

* *Quel est l'énoncé du problème du prisme?*

Connaissant l'angle d'incidence i du rayon d'entrée, l'indice de réfraction n de la substance qui compose le prisme, et l'angle A au sommet du prisme, trouver l'angle de déviation du rayon d'entrée avec le rayon de sortie.

* *Comment détermine-t-on la position exacte de cet angle?*

C'est l'angle des flèches parties du point de rencontre des deux rayons et suivant leurs directions.

* *Quelles sont les équations qui résolvent ce problème?*

Soient i l'angle d'incidence du rayon d'entrée, r l'angle de réfraction correspondant; i' l'angle du rayon de

sortie avec la normale, r' l'angle de réfraction correspondant, δ l'angle de déviation. On a :

$$\frac{\sin i}{\sin r}=n, \qquad \frac{\sin i'}{\sin r'}=n;$$

$$A=r+r', \qquad \delta=i+i'-A.$$

* *Que faut-il conclure de ces équations?*

Que δ dépend de A et de n, pour un même angle
d'incidence i.

* *Comment le démontre-t-on expérimentalement?*

Avec le polyprisme et le prisme à angle variable.

* *A quel moment δ passe-t-il par sa valeur minimum
quand on fait varier* i?

Quand i est tel que le rayon d'entrée et le rayon de
sortie sont également inclinés sur les deux faces du
prisme.

* *Que deviennent dans ce cas les formules du prisme?*

On a :

$$i=i', \qquad r=r'.$$

Donc les formules deviennent :

$$\frac{\sin i}{\sin r}=n; \quad A=2r; \quad \delta=2i-A.$$

* *Quelle est l'application intéressante qui a été faite de
ces équations?*

La mesure de l'indice de réfraction d'une substance.
On déduit en effet de ces équations :

$$n=\frac{\sin\dfrac{A+\delta}{2}}{\sin\dfrac{A}{2}},$$

Il suffit donc, pour connaître *n*, de mesurer l'angle A du sommet d'un prisme taillé dans la substance, et l'angle de déviation minimum ∂.

Comment opère-t-on avec un liquide ?

On l'enferme dans un prisme en verre dont les faces sont constituées par des lames de verre à faces parallèles. L'angle A est l'angle de ces lames.

Pourquoi faut-il que ces lames soient à faces parallèles ?

Pour que le verre ne produise aucune déviation sur les rayons lumineux.

Quelle est encore la grande importance du minimum de déviation ?

Les images vues à travers les prismes ne sont nettes que si le prisme est placé dans la position du minimum de déviation.

Tous les rayons lumineux qui entrent dans un prisme de verre peuvent-ils en sortir ?

Non. Supposons que des rayons, venus de tous les points de l'espace, pénètrent par un même point dans l'intérieur du prisme : ne pourront sortir du prisme que les rayons qui n'éprouveront pas le phénomène de la réflexion totale sur l'autre face du prisme, c'est-à-dire ceux qui sont compris à l'intérieur du cône ayant pour sommet le point d'entrée dans le prisme, pour axe la normale menée de ce point à la face de sortie et pour angle au sommet l'angle limite.

Dans quel cas aucun rayon ne pourra-t-il plus sortir ?

Quand ce cône ne contiendra plus aucun des rayons qui sont entrés dans le prisme, c'est-à-dire quand on aura $A = 2\lambda$, A étant l'angle au sommet du prisme et λ l'angle limite.

Qu'est-ce que le prisme à réflexion totale ?

Un prisme dont la section droite est un triangle rectangle, où l'hypoténuse est également inclinée sur les deux autres côtés. Les rayons, qui pénètrent normalement dans le prisme sur l'une des faces, se réfléchissent totalement sur la face hypoténuse et ressortent normalement par l'autre face.

Comment se comporte un prisme à réflexion totale?

Comme un miroir plan qui est la face hypoténuse.

Quel avantage présente le prisme à réflexion totale sur un miroir plan?

Il absorbe moins de lumière et les images sont plus brillantes.

V. — Lentilles.

Qu'est-ce qu'une lentille?

La portion de matière comprise entre deux surfaces sphériques. Si les sphères se coupent, la lentille est convexe; si les sphères ne se coupent pas, la lentille est concave.

Quelles sont les formes des lentilles convexes?

Biconvexe, ménisque convergent et plan convexe (l'une des sphères est remplacée par un plan, qu'on peut considérer comme une surface sphérique dont le centre est à l'infini).

Quelles sont les formes des lentilles concaves?

Biconcave, ménisque divergent et plan concave.

Qu'appelle-t-on axe principal d'une lentille?

La droite qui joint les centres des deux sphères; ou, dans le cas où l'une des sphères est un plan, la perpendiculaire abaissée du centre de la sphère sur le plan.

Qu'appelle-t-on foyers d'une lentille convergente?

Les points de convergence sur l'axe principal, après réfraction, des rayons incidents parallèles à cet axe.

Combien y a-t-il de foyers?

Deux, situés à égale distance de la lentille. La lumière peut en effet venir d'un côté ou de l'autre de la lentille.

Dans quels cas particuliers se place-t-on quand on étudie une lentille?

On suppose la lentille sans épaisseur et les ouvertures des faces de la lentille d'un très petit nombre de degrés.

Que sont les foyers dans le cas où les ouvertures des faces de la lentille sont grandes?

Les rayons centraux seuls passent au foyer après réfraction. Les rayons écartés de l'axe coupent l'axe en des points de plus en plus rapprochés de la lentille; ils se coupent deux à deux et donnent naissance à une surface brillante, nommée *caustique par réfraction.* On donne à ce phénomène le nom d'aberration de sphéricité.

Comment corrige-t-on l'aberration de sphéricité?

En plaçant un diaphragme annulaire devant la lentille, de manière à ne laisser passer que les rayons centraux.

Un point lumineux P *étant placé sur l'axe principal d'une lentille convexe, où est située son image?*

Son image est un point lumineux situé sur l'axe principal. Sa position est déterminée par la formule

$$\frac{1}{p'} + \frac{1}{p} = \frac{1}{f},$$

dans laquelle p et p' sont les distances du point lumineux et de son image à la lentille et f la distance du foyer à la lentille (distance focale).

Quelle est la valeur de f ?

On a :

$$\frac{1}{f} = (n-1)\left(\frac{1}{R} + \frac{1}{R'}\right)$$

dans le cas de la lentille biconvexe. R et R' sont les rayons des sphères de la lentille et n l'indice de réfraction de la substance qui compose la lentille.

Quelle est la convention des signes?

Les signes $+$ correspondent à des objets ou à des images réels, les signes $-$ à des objets ou à des images virtuels.

Discutez la formule $\frac{1}{p'} + \frac{1}{p} = \frac{1}{f}.$

Faisons varier p depuis l'infini, du côté d'où vient la lumière, jusqu'à l'infini, de l'autre côté de la lentille. Soient P et P' le point lumineux et son image :

1° P est à l'infini, c'est-à-dire que les rayons lumineux sont parallèles à l'axe : P' est au foyer F_2 de l'autre côté de la lentille (1).

2° P marche de l'infini au double de la distance focale (point double) : P' marche du foyer F_2 au second point double D_2. (Les points doubles jouent un rôle analogue au centre des miroirs sphériques.)

3° P est au point double D_1 : P' est au point double D_2.

4° P marche du point double D_1 au foyer F_1 : P' marche du point double D_2 à l'infini.

5° P est au foyer F_1 : P' est à l'infini, c'est-à-dire que les rayons réfractés sortent de la lentille parallèlement à l'axe (emploi des lentilles pour les phares, afin de rendre les rayons lumineux parallèles pour conserver leur intensité à de longues distances).

Jusqu'ici l'objet et l'image ont toujours été réels.

6° P marche du foyer F_1 à la lentille : P' devient virtuel et va de l'infini (du côté d'où vient la lumière de P) jusqu'à la lentille.

7° P est sur la lentille : P' est sur la lentille.

(1) Les foyers, les points doubles et la lentille se succèdent dans l'ordre suivant : ∞, D_1, F_1, lentille, F_2, D_2, ∞.

8° P devient virtuel et marche depuis la lentille jusqu'à l'infini (du côté opposé à celui d'où vient la lumière incidente) : P' devient réel et va de la lentille à F_2.

Que sont les points P et P'?

Ils sont conjugués, c'est-à-dire que si P prend la place de P', inversement P' prend la place de P.

Qu'appelle-t-on centre optique d'une lentille?

C'est le point situé sur l'axe principal, tel que tout rayon lumineux passant par ce point entre et sort de la lentille sans déviation.

Comment le détermine-t-on?

On mène des sphères de la lentille deux rayons parallèles entre eux, et l'on joint par une ligne droite les points où ces rayons percent les sphères. Le centre optique est au point de rencontre de cette droite avec l'axe principal.

Pourquoi le rayon lumineux qui passe par le centre optique n'éprouve-t-il pas de déviation en traversant la lentille?

Tout rayon incident qui traverse la lentille en passant par le centre optique, sort de la lentille parallèlement à sa direction d'entrée, car tout se passe comme si la lumière traversait une lame à faces parallèles. Or, la lentille étant supposée sans épaisseur, le rayon de sortie est le prolongement du rayon d'entrée.

Qu'appelle-t-on axe secondaire?

Tout rayon passant par le centre optique.

Où est l'image d'un point lumineux situé en dehors de l'axe principal?

Sur l'axe secondaire passant par ce point.

Connaissant la position et la grandeur d'une petite droite lumineuse, perpendiculaire à l'axe principal, trouvez la position et la grandeur de son image.

L'image est également une petite droite, perpendiculaire à l'axe. Soient p et p' les distances de l'objet et de l'image à la lentille, O et I les dimensions homologues de l'objet et de l'image. On a :

$$\frac{1}{p'} + \frac{1}{p} = \frac{1}{f}$$

et

$$\frac{p}{p'} = \frac{O}{I}.$$

Ces deux équations donnent p' et I, connaissant p et O.

Discutez le problème.

1° O est à l'infini : I est en F_2 (de l'autre côté de la lentille), réelle, infiniment petite.

2° O marche de l'infini au point double D_1 : I va de F_2 à l'autre point double D_2, réelle, plus petite que O, renversée.

3° O est en D_1 : I est en D_2, égale à l'objet et renversée.

4° O va de D_1 à F_1 : I va de D_2 à l'infini, réelle, plus grande que O, renversée.

5° O va de F_1 à la lentille : I devient virtuelle, droite, plus grande que l'objet, et va de l'infini (du côté d'où vient la lumière) à la lentille.

6° O est sur la lentille : I est sur la lentille et se superpose à O.

7° O devient virtuel et va de la lentille à l'infini (de l'autre côté de la lentille par rapport à la lumière incidente) : I devient réelle, plus petite que O, droite et va de la lentille au foyer F_2.

Comment détermine-t-on le foyer d'une lentille convergente ?

En dirigeant l'axe de la lentille vers le centre du soleil et déterminant le point de concentration de la lumière. Le *focomètre* donne de meilleurs résultats. C'est un instrument qui permet de trouver la position des points doubles de la lentille, en se basant sur ce fait que l'image est alors renversée et égale en dimension à l'objet. La distance focale est alors le quart de la distance des points doubles.

Quelle est la formule des lentilles divergentes?

C'est $\dfrac{1}{p'} - \dfrac{1}{p} = \dfrac{1}{f}$, avec $\dfrac{1}{f} = (n-1)\left(\dfrac{1}{R} + \dfrac{1}{R'}\right)$, dans le cas des lentilles biconcaves.

Les quantités positives correspondent à des objets ou à des images réels, les quantités négatives à des objets ou à des images virtuels.

Peut-on passer facilement des résultats trouvés avec les lentilles convergentes à ceux que donnent les lentilles divergentes?

Oui. Étant construite une figure pour un cas particulier de lentille convergente, il suffira de prolonger les rayons incidents et réfractés de l'autre côté de la lentille, en changeant le sens des rayons, pour obtenir le cas correspondant dans la lentille divergente : seulement, les objets et les images réels deviennent virtuels, et réciproquement.

Au point de vue des constructions géométriques, quelle différence très importante existe-t-il entre une lentille convergente et une lentille divergente?

Les rayons parallèles à l'axe passent réellement par le foyer après réfraction dans la lentille convergente ; dans la lentille divergente, ce sont seulement les prolongements des rayons réfractés qui passent par le foyer toujours virtuel.

Comment détermine-t-on le foyer d'une lentille divergente?

On perce un écran de deux petites ouvertures et on le place devant la lentille, perpendiculairement à l'axe. On fait arriver des rayons parallèles à l'axe, qui, passant à travers les ouvertures, se réfractent à travers la lentille et viennent former deux taches lumineuses sur un autre écran perpendiculaire à l'axe et placé de l'autre côté de la lentille. On approche ou on éloigne ce second écran jusqu'à ce que la distance des deux taches lumineuses soit le double de la distance des deux ouvertures. A ce moment, l'écran est à une distance de la lentille égale à la distance focale.

Tous ces résultats ont-ils quelque chose de remarquable?

Oui, c'est leur étroite analogie avec les résultats trouvés avec les miroirs. (Nous avons reproduit à dessein les mêmes phrases que pour les cas correspondants des miroirs concaves dans les trois questions précédentes, afin de mieux montrer cette analogie.)

VI. — Dispersion.

Qui a fait l'étude de la lumière blanche du soleil?
Newton.

Qu'a-t-il démontré?

Il a prouvé, en faisant l'analyse et la synthèse de la lumière blanche, que celle-ci est en réalité formée par le mélange d'une infinité de rayons, différant tous : 1° par leur indice de réfraction, 2° par leur action colorée sur la rétine. Il a de plus démontré que chacun de ces rayons est simple.

Comment a-t-il effectué l'analyse de la lumière blanche?

En faisant traverser un prisme de verre par un faisceau de lumière blanche. Les différents rayons se dispersent en traversant le verre, car chacun d'eux suit une voie spéciale à cause de son indice de réfraction particulier.

Quel nom donne-t-on à l'image recueillie sur l'écran?
Spectre.

Quelles sont les couleurs les plus harmonieuses pour l'œil?

Rouge, orangé, jaune, vert, bleu, indigo, violet.

Comment sont distribuées ces couleurs par rapport au prisme?

Les indices de réfraction de ces couleurs vont en croissant progressivement du rouge au violet. C'est donc le rouge le moins dévié et le plus rapproché du sommet du prisme.

Qu'arrive-t-il si l'on place l'œil à la place de l'écran?

L'œil voit les couleurs du spectre dans un ordre inverse de celui de l'écran. Cela tient à ce que les rayons prolongés se croisent, en sorte que le rouge passe du haut en bas et le violet de bas en haut (on suppose le sommet du prisme en haut).

Quel est le dispositif expérimental employé par Newton pour obtenir un spectre pur?

La lumière du soleil arrive dans la chambre noire par une fente très étroite. Elle traverse une lentille convergente dont la fente occupe l'un des points doubles. On place de l'autre côté de la lentille, et dans le voisinage, un prisme dans la position du minimum de déviation et dont l'arête est parallèle à la fente. L'écran doit être perpendiculaire à la direction moyenne des rayons réfractés et à l'autre point double de la lentille.

Comment démontre-t-on que chaque couleur du spectre est simple?

On ne laisse passer qu'une seule des couleurs du spectre à travers une fente étroite pratiquée dans l'écran. Un prisme, placé sur le trajet de la lumière, ne donne plus un nouveau spectre. La couleur ne change pas : elle est simplement déviée.

Comment démontre-t-on que chaque couleur possède son indice de réfraction spécial et que cet indice augmente du rouge au violet?

Par l'expérience précédente, en constatant que chaque espèce de couleur éprouve une déviation différente en passant à travers le second prisme, et que cette déviation augmente du rouge au violet.

Comment Newton a-t-il fait la synthèse de la lumière blanche ?

Pour reconstituer de la lumière blanche, il suffit de rendre parallèles les rayons qui constituent le spectre ou encore de les faire tous converger en un même point. Newton les rendait parallèles au moyen de son expérience du bi-prisme (deux prismes d'angles égaux, renversés, à faces respectivement parallèles) : il les faisait converger en un même point au moyen d'un miroir concave ou d'une lentille convergente.

Son expérience du disque est-elle bien concluante ?

Non, car les couleurs artificielles employées pour peindre le disque ne sont pas simples et pures comme celles du spectre. Il reste donc toujours une certaine coloration.

Pourquoi l'œil voit-il simultanément toutes les couleurs du disque pendant sa rotation ?

La rétine conserve l'impression reçue pendant un dixième de seconde environ. Si donc le disque fait un tour pendant moins d'un dixième de seconde, toutes les impressions se confondent en une seule.

Qu'appelle-t-on couleurs complémentaires ?

Des couleurs qui, mélangées, donnent du blanc.

Citez deux couleurs complémentaires.

Le rouge et le vert.

Que voit l'œil quand il fixe longtemps une couleur ?

Il voit la complémentaire.

Pourquoi un corps est-il rouge ?

Parce qu'il absorbe tous les autres rayons du spectre,

excepté le rouge. Il réfléchit donc dans l'œil ou il lui transmet par transparence rien que des rayons rouges.

Qu'est-ce qu'un corps blanc?

Un corps qui réfléchit ou laisse passer toutes les couleurs du spectre.

Qu'est-ce qu'un corps noir?

Un corps qui absorbe toute la lumière.

Blanc et incolore, sont-ce deux expressions équivalentes?

Non. L'incolore est le résultat du passage de la lumière à travers une substance bien homogène (eau, verre); le blanc est dû à la réflexion de la lumière sur une substance pulvérulente (morceau de sucre, papier, verre pilé).

———

Qu'est-ce que le spectroscope?

Un instrument qui permet d'obtenir et d'étudier avec précision le spectre des différentes sources lumineuses.

Quelle est sa construction?

Il se compose de quatre parties : 1° le collimateur, qui est un tube portant une fente étroite à l'une de ses extrémités et une lentille convergente à l'autre, la fente étant au foyer de la lentille, de manière que la lumière venant de la fente sorte de la lentille parallèlement à l'axe; 2° le prisme placé dans la direction du minimum de déviation; 3° une lunette astronomique pour regarder le spectre; 4° un second collimateur, semblable au premier, dont la fente est éclairée par un bec de gaz et porte la photographie transparente d'une échelle graduée. La lumière, qui traverse cette échelle, traverse aussi la lentille, se réfléchit sur l'une des faces du prisme et pénètre dans la lunette. L'œil voit donc simultanément le spectre et l'image de l'échelle graduée.

A quoi sert cette échelle?

A repérer exactement les diverses parties du spectre. La raie jaune du sodium, par exemple, est placée sur la division 100.

Quel est le spectre des solides ou des liquides incandescents?

Un spectre continu, avec toutes les couleurs du spectre du soleil.

Quel est le spectre des gaz incandescents?

Un spectre formé de raies fines et brillantes.

Quelle différence existe-t-il entre les spectres des métaux et ceux des métalloïdes?

Les raies des métaux sont relativement rares et espacées ; celles des métalloïdes sont très nombreuses, très rapprochées, ce qui donne aux spectres des métalloïdes une apparence cannelée.

Par quels procédés obtient-on des gaz incandescents?

En illuminant des tubes de Geissler, contenant le gaz qu'on veut étudier ; en chauffant un sel métallique volatil, et surtout les chlorures ou les azotates, dans une flamme très chaude et non éclairante, telle que celle d'une lampe à alcool ou d'un bec Bunsen traversé par un courant d'air. On peut aussi volatiliser le corps dans l'arc voltaïque.

A quoi sert l'analyse spectrale?

Connaissant les spectres particuliers à chaque corps, l'analyse spectrale permet de faire rapidement l'analyse d'une substance et de découvrir par conséquent de nouveaux corps simples.

Quels sont les savants qui ont inauguré cette nouvelle méthode d'analyse si remarquable?

Kirchhoff et Bunsen, en Allemagne. Ils ont découvert aussitôt le cæsium et le rubidium.

Qu'appelle-t-on spectre d'absorption ?

C'est le spectre obtenu quand on fait passer un faisceau de lumière à travers un corps solide, liquide ou gazeux non incandescent.

Que représente ce spectre ?

Si le faisceau lumineux émane d'un corps solide incandescent, son spectre est continu. Les espaces sombres, observés dans le spectre d'absorption, représentent donc les rayons absorbés par la substance interposée.

A quoi servent les spectres d'absorption ?

A caractériser, et par conséquent à analyser rapidement certains liquides, tels que le sang, le vin, etc.

Quel est le spectre d'absorption des gaz ?

Un gaz absorbe les rayons qu'il est capable lui-même d'émettre quand il est incandescent. Il en résulte que le spectre d'absorption d'un gaz fournit exactement les mêmes raies que le spectre de ce gaz incandescent, mais ces raies sont noires.

Qu'est-ce que les raies de Fraunhofer ?

Ce sont les raies noires très fines qui sillonnent le spectre du soleil vu dans un spectroscope.

Quelle explication donne-t-on de la présence de ces raies ?

Le soleil est une masse solide ou liquide incandescente, entourée d'une énorme atmosphère gazeuse. La masse centrale donne un spectre continu, mais l'atmosphère fournit un spectre noir d'absorption.

Ce spectre d'absorption donne-t-il la composition de l'atmosphère du soleil ?

Oui. En déterminant la position des raies noires du spectre solaire, on peut savoir quelles sont les raies qui correspondent à tel ou tel corps simple.

Qu'appelle-t-on raies telluriques?

Ce sont les raies noires du spectre solaire qui sont dues à l'absorption des gaz de l'atmosphère terrestre, c'est-à-dire de l'eau, de l'oxygène et de l'azote.

Quel est le spectre fourni par les étoiles et les nébuleuses résolubles en étoiles?

Un spectre semblable à celui du soleil.

Quel est le spectre fourni par les nébuleuses non résolubles en étoiles?

Un très petit nombre de raies brillantes.

Quel est le spectre fourni par les comètes ?

Celui d'un composé riche en carbone.

VII. — Instruments d'optique.

Quel est le but des instruments d'optique ?

C'est d'accroître la dimension des images formées sur la rétine.

Pourquoi?

Afin d'impressionner un plus grand nombre des éléments nerveux dont se compose la rétine.

Qu'arrive-t-il quand l'image d'un objet se forme sur un seul élément nerveux?

L'œil ne voit qu'un point lumineux.

Quelle conséquence en tirer?

Les images rétiniennes trop petites, n'impressionnant que peu d'éléments nerveux, ne donnent à l'œil que des images confuses (exemple : surface de la lune). Il faut donc agrandir les images rétiniennes pour obtenir des images plus détaillées.

De quoi dépend la grandeur de l'image rétinienne?

De l'angle sous lequel on voit l'objet, c'est-à-dire de son diamètre apparent.

Comment varie le diamètre apparent d'un objet qui s'éloigne de l'œil ?

Il diminue, l'image rétinienne diminue et l'objet semble de plus en plus petit.

Comment l'œil juge-t-il les distances ?

Connaissant la dimension vraie de l'objet et celle de l'image rétinienne, il en déduit la distance par une longue habitude. Inversement, connaissant la grandeur de l'image rétinienne et la distance, il en déduit aussi par habitude la dimension de l'objet.

Pourquoi dit-on vulgairement que les instruments d'optique rapprochent ?

Les images rétiniennes étant agrandies par les instruments d'optique, tout se passe comme si les objets se rapprochaient réellement de l'œil.

Qu'appelle-t-on distance minimum de la vision distincte?

C'est la plus petite distance Δ à laquelle un objet doit se trouver devant l'œil pour qu'on puisse l'observer longtemps et sans effort.

Quelle est la distance Δ pour un œil sain?

Environ 20 centimètres.

Quel nom donne-t-on à l'œil pour lequel Δ est inférieur à 20 centimètres?

Myope.

Quel nom donne-t-on à l'œil pour lequel Δ est supérieur à 20 centimètres?

Presbyte.

———

Qu'est-ce que la loupe ?

Une lentille convergente placée contre l'œil. L'objet, placé de l'autre côté de l'œil par rapport à la loupe, est situé entre le foyer et la loupe, donnant ainsi une image virtuelle.

Pourquoi la loupe donne-t-elle une image rétinienne plus grande que celle fournie directement par l'œil?

L'œil, pour apercevoir nettement un objet, doit le placer à la distance Δ. Soit alors D le diamètre apparent sous lequel on voit l'objet.

En plaçant une loupe devant l'œil, il est possible d'amener l'image virtuelle de l'objet à la distance Δ, et tout se passe alors comme si la lumière venait réellement de cette image virtuelle. Or le diamètre apparent D' de cette image est plus grand que D.

Que signifie cette expression : mettre la loupe au point ?

Cela signifie que la distance de l'objet à la loupe est telle que l'image virtuelle se forme à la distance Δ de l'œil.

Calculez cette distance de l'objet à la lentille.

Remarquons d'abord que la formule des lentilles convergentes, dans le cas de la loupe, devient

$$-\frac{1}{p'}+\frac{1}{p}=\frac{1}{f},$$

puisque l'image est virtuelle. Or, si nous supposons l'œil placé immédiatement derrière la loupe, on a $p'=\Delta$; donc, la distance p de l'objet à la lentille est donnée par l'équation

$$-\frac{1}{\Delta}+\frac{1}{p}=\frac{1}{f},$$

d'où

$$p=\frac{f\,\Delta}{f+\Delta}.$$

Comment varie p avec Δ ?

On peut écrire :

$$p=\frac{f}{\frac{f}{\Delta}+1}.$$

D'où l'on voit que p diminue quand Δ diminue, et inversement.

Qu'appelle-t-on grossissement de la loupe?

Le rapport des dimensions homologues des images rétiniennes quand l'œil est armé de la loupe et quand il est nu.

Donnez la conséquence de cette définition.

C'est encore le rapport des diamètres apparents des dimensions homologues de l'image virtuelle et de l'objet, placés tous les deux à la même distance Δ de l'œil.

A quoi se ramène ce rapport par le calcul?

Au rapport des dimensions homologues de l'image et de l'objet.

Calculez le grossissement, en supposant l'œil contre la loupe.

On a les deux équations :

$$-\frac{1}{\Delta}+\frac{1}{p}=\frac{1}{f}$$

et

$$G=\frac{I}{O}=\frac{\Delta}{p}.$$

Or on déduit, en éliminant p entre ces deux équations :

$$G=\frac{\Delta}{f}+1,$$

ou sensiblement :

$$G=\frac{\Delta}{f}.$$

Comment varie G avec Δ?

Ils varient tous les deux dans le même sens.

Comment varie G avec f ?

G est proportionnel à $\frac{1}{f}$, qu'on appelle pouvoir convergent de la lentille.

Qu'appelle-t-on puissance de la loupe?

C'est le diamètre apparent sous lequel on voit l'image d'un objet ayant une dimension égale à 1. C'est donc aussi le diamètre apparent de cet objet placé à la distance p de l'œil nu.

Calculez la puissance de la loupe.

C'est $\frac{O}{p}$ ou $\frac{1}{p}$, puisque $O = 1$. Or

$$\frac{1}{p} = \frac{1}{f} + \frac{1}{\Delta}.$$

Comment varie la puissance avec Δ ?

Elle augmente quand Δ diminue, et inversement.

Qu'est-ce que le défaut d'achromatisme de la loupe ?

C'est l'irisation des contours de l'image.

Quelle est la cause de cette irisation ?

Elle est due seulement à l'aberration de sphéricité de la lentille, et non à la dispersion de la lumière en traversant le verre.

Une lentille donne-t-elle plusieurs images diversement colorées d'un même objet blanc?

Oui, car les rayons rouges donnent une image rouge, les rayons orangés une image orangée, et ainsi de suite pour toutes les couleurs.

En résulte-t-il une image colorée pour l'œil dans la loupe?

Non, car toutes ces images colorées se superposent les unes derrière les autres sous un même diamètre apparent pour l'œil, ce qui donne de la lumière blanche.

Comment fait-on disparaître ces irisations?

En se servant d'une loupe *composée*, c'est-à-dire en employant un système de deux lentilles superposées et ayant des courbures plus faibles que la lentille unique. Ce système a un pouvoir convergent égal à celui de la lentille unique, mais les aberrations de sphéricité sont très diminuées à cause de la diminution des courbures.

———

Qu'est-ce que le microscope?

Un instrument d'optique destiné à donner une image très agrandie des objets qu'on peut manier à volonté. C'est une loupe plus puissante que la loupe ordinaire.

Comment a-t-on rendu la loupe plus puissante?

En regardant avec la loupe ordinaire, non plus l'objet lui-même, mais une image réelle de cet objet, obtenue à l'aide d'une lentille convergente. Cette image réelle se comporte absolument comme un objet lumineux, sauf que les rayons qui en proviennent sont ceux qui la forment. Il faut donc que la loupe soit située sur le trajet des rayons qui forment l'image réelle. L'image est renversée par rapport à l'objet, car l'image réelle fournie par la première lentille est elle-même renversée.

Donnez la description sommaire du microscope.

Un tube porte à ses extrémités deux lentilles convergentes : celle qui est à proximité de l'objet se nomme *objectif*, celle qui est contre l'œil se nomme *oculaire*. L'objet est posé sur une lame de verre qu'on peut éclairer, en dessous avec un miroir concave, en dessus avec une lentille convergente. Deux vis, dont l'une est à mouvement rapide et l'autre à mouvement lent (vis micrométrique), permettent de rapprocher ou d'éloigner le tube de l'objet pour mettre au point. On met d'abord grossièrement au point avec la vis rapide, puis exactement avec la vis micrométrique.

Quelle est la condition nécessaire pour mettre le microscope au point?

Il faut que l'image de l'objectif (image objective se forme exactement au point où serait l'objet qu'on regarderait avec la loupe simple. Or, en déplaçant le tube par rapport à l'objet, il arrive toujours un moment où cette image objective vient se former au point voulu.

Quel est le champ du microscope?

L'objectif étant très petit, on peut le confondre sensiblement avec le centre optique et admettre que les rayons qui pénètrent dans l'instrument passent tous par ce point. Le champ est donc l'intérieur du cône ayant pour sommet le centre optique de l'objectif et pour base l'oculaire.

Qu'est-ce que le point oculaire?

C'est le point de concentration de tous les rayons lumineux qui ont traversé l'instrument. C'est donc l'image réelle de l'objectif de l'autre côté de l'oculaire et cette image se réduit sensiblement à un point.

Quelle est l'importance pratique de ce point oculaire?

C'est en ce point qu'il faut placer la pupille de l'œil pour voir la totalité du champ de l'instrument.

Qu'est-ce que l'oculaire négatif de Huyghens?

C'est un oculaire formé de deux lentilles convergentes. L'image objective, si elle pouvait se former, serait située entre ces deux lentilles. Les rayons sont donc interceptés par la première lentille avant la formation de l'image objective; il se forme une image réelle qu'on regarde avec la seconde lentille qui joue le rôle de loupe.

Quels sont les avantages de cet oculaire?

Il y en a deux : il augmente le champ du microscope, car la première lentille ramène les rayons vers l'axe et permet à un plus grand nombre de ces rayons de passer à travers la loupe; de plus, il achromatise les images.

Comment choisit-on les lentilles de l'oculaire négatif ?

La distance des deux lentilles est le double de la distance focale de la lentille voisine de l'œil; cette distance focale est le tiers de la distance focale de l'autre lentille.

Qu'appelle-t-on grossissement du microscope ?

C'est le rapport des diamètres apparents des dimensions homologues de l'image et de l'objet, placés tous les deux à la distance Δ de l'œil. On démontre que c'est aussi le rapport des dimensions homologues de 'image et de l'objet.

Calculez ce grossissement.

Soient O la grandeur de l'objet, I' celle de l'image objective et I celle de l'image de l'oculaire.

On a :

$$G = \frac{I}{O} = \frac{I}{I'} \times \frac{I'}{O}.$$

Or $\frac{I}{I'}$ est le grossissement de la loupe oculaire, $\frac{I'}{O}$ est le grossissement de l'objectif. Le grossissement du microscope est donc le produit du grossissement de l'objectif par celui de l'oculaire.

Comment détermine-t-on ce grossissement ?

Le constructeur livre plusieurs objectifs et plusieurs oculaires ayant des grossissements différents. Ces grossissements sont d'ailleurs notés sur une feuille spéciale. En combinant les lentilles deux à deux, il est donc possible de donner au microscope un grossissement convenable.

Peut-on déterminer soi-même le grossissement du microscope ?

Oui, avec la chambre claire.

Qu'est-ce que la chambre claire ?

Un miroir plan, incliné à 45° et percé d'une petite ouverture. En face se trouve un prisme à réflexion totale, dont l'hypoténuse réfléchissante est parallèle au plan du miroir.

Comment se sert-on de cet instrument ?

On l'adapte au-dessus de l'oculaire du microscope. L'œil voit l'image de l'objet dans le microscope, directement à travers l'ouverture du miroir. D'un autre côté, il aperçoit aussi l'image de la pointe d'un crayon sur une feuille de papier blanc, grâce à la double réflexion de la lumière sur le prisme et sur le miroir. L'œil, recevant tous les rayons dans la même direction, confond la pointe du crayon et l'image du microscope. Il est donc facile de suivre sur la feuille de papier, avec le crayon, l'image du microscope.

Comment mesure-t-on le grossissement ?

On regarde avec le microscope un *micromètre*, c'est-à-dire une lamelle de verre portant des divisions qui représentent des centièmes de millimètre. Avec le crayon, on dessine sur la feuille de papier l'intervalle compris entre deux des divisions. On évalue cet intervalle en millimètres. Soit n la grandeur de cet intervalle. L'image d'une division a donc pour dimension n; la division a pour dimension $\frac{1}{100}$ de millimètre. Le grossissement est donc :

$$\frac{n}{\frac{1}{100}} = 100\,n.$$

Quels noms donne-t-on aux instruments qui servent à agrandir les images rétiniennes des objets éloignés ?

Lunette ou télescope, suivant que l'objectif est une

lentille convergente ou un miroir sphérique concave L'oculaire est toujours une lentille.

De quoi se compose la lunette astronomique?

C'est un vrai microscope, ayant comme lui deux lentilles convergentes pour objectif et pour oculaire.

Où résident les différences?

1° Dans la mise au point; 2° dans la grandeur de l'objectif.

Comment met-on au point la lunette astronomique?

Ici, on ne peut plus approcher de l'objet le tube qui porte les lentilles. Il faut donc déplacer l'objectif ou l'oculaire l'un par rapport à l'autre. L'objectif étant de grande dimension, c'est donc l'oculaire qu'on déplace par rapport à l'objectif.

Pourquoi faut-il que l'objectif soit très grand?

Afin de faire pénétrer dans l'instrument le plus de lumière possible : il est en effet impossible d'éclairer à volonté l'objet.

Quel est l'inconvénient qui résulte de cette grandeur de l'objectif?

Un grand défaut d'achromatisme. On y remédie en composant l'objectif avec deux lentilles juxtaposées : l'une, convergente, en verre ordinaire (crown-glass), l'autre, divergente, en cristal (flint-glass). L'ensemble des deux lentilles est encore un système convergent.

De quoi se compose l'oculaire?

D'un système de deux lentilles convergentes, formant soit un oculaire négatif d'Huyghens, comme pour le microscope, soit un oculaire positif de Ramsden.

Qu'est-ce que l'oculaire positif de Ramsden?

Une loupe composée, avec laquelle on regarde l'image objective qui se forme en avant de l'oculaire. Les distances focales des deux lentilles sont égales et la distance des deux lentilles est égale aux deux tiers de cette distance focale.

Où se forme l'image objective?

Au foyer de l'objectif, puisque l'objet est loin.

Quelle est la longueur de la lunette?

Sensiblement la somme des distances focales de l'objectif et de l'oculaire.

Le champ de la lunette astronomique et le point oculaire sont-ils les mêmes que pour le microscope?

Oui.

Qu'est-ce que l'axe optique ?

La droite qui joint le centre optique de l'objectif au point de croisement des fils du réticule.

Où doit être placé le réticule?

A l'endroit exact où se forme l'image objective, c'est-à-dire entre les deux lentilles de l'oculaire négatif ou en avant des deux lentilles de l'oculaire positif. D'ailleurs, dans le cas où la lunette porte un réticule, il est préférable d'employer l'oculaire positif; car, en mettant au point avec l'oculaire négatif, on déplacerait l'axe optique.

A quoi sert l'axe optique?

A viser les points lointains, de manière à mesurer leur distance angulaire.

Quelle condition doit remplir l'axe optique?

Il doit coïncider avec l'axe géométrique de la lunette, ce dont on s'assure en vérifiant si le point de visée ne change pas quand on fait tourner la lunette sur son axe géométrique.

Qu'est-ce que le chercheur?

Une petite lunette astronomique, fixée sur la grande lunette. Les axes optiques des deux lunettes sont parallèles.

A quoi sert le chercheur?

A viser les points éloignés. Par suite du parallélisme des rayons lumineux venus des points très éloignés, un point visé dans le chercheur l'est également dans la grande lunette.

Pourquoi ne pas viser directement avec la grande lunette?

Cette visée est trop difficile, à cause du champ très restreint de la grande lunette. Le champ devient en effet très petit quand la lunette atteint une grande longueur.

Définissez le grossissement de la lunette astronomique.

C'est le rapport des diamètres apparents de l'image et de l'objet.

Pourquoi ne pas ajouter, comme dans la loupe et le microscope, que l'image et l'objet sont à la distance Δ?

Il est impossible de mettre l'objet à la distance Δ.

Quelle est la valeur du grossissement?

C'est sensiblement $\dfrac{F}{f}$, F étant la distance focale de l'objectif et f celle de l'oculaire.

Comment mesure-t-on expérimentalement le grossissement?

Avec une chambre claire, comme dans le microscope. Le micromètre est ici remplacé par une mire verticale, graduée en décimètres, et placée à une dizaine de mètres de l'instrument. Les images de la mire, vues dans la lunette et dans la chambre claire, se superposent dans l'œil. Le grossissement est n si l'image d'une division, vue dans la lunette, se superpose sur n divisions de la règle, vues dans la chambre claire.

Peut-on se passer de la chambre claire?

Oui, on peut regarder dans la lunette avec un œil et regarder directement la règle avec l'autre œil. La superposition des images se fait également.

Comment transforme-t-on la lunette astronomique en lunette terrestre?

On ajoute deux lentilles convergentes, entre l'oculaire et l'objectif. L'ensemble de ces deux lentilles se nomme *véhicule.* Il convient de placer le véhicule à l'autre bout du tube qui porte l'oculaire négatif. Pour mettre au point, on déplace donc simultanément l'oculaire et le véhicule.

A quoi sert la première lentille du véhicule?

Cette lentille, qu'on nomme *lentille de champ,* a pour but d'augmenter le champ de la lunette, en faisant converger davantage vers l'axe de l'instrument les rayons lumineux.

Cette lentille est placée de telle sorte que l'image objective, située entre le foyer et la lentille, donne une image virtuelle.

Quel avantage y a-t-il à augmenter le champ?

La lunette terrestre doit évidemment embrasser le plus grand espace possible, surtout quand il s'agit d'explorer la mer, de surveiller une armée en campagne, etc.

A quoi sert la seconde lentille du véhicule?

A redresser l'image, car la lunette astronomique, comme le microscope, donne une image renversée. L'image virtuelle, donnée par la première lentille, coïncide avec le point double de la seconde lentille. Il se forme donc une image égale, mais renversée, au second point double. C'est cette image qu'on regarde avec l'oculaire.

De quoi se compose la lunette de Galilée?

D'une lentille convergente pour objectif et d'une lentille divergente pour oculaire. Les images sont droites.

Où se forme l'image objective?

Derrière l'oculaire. L'oculaire fournit donc l'image virtuelle d'une image réelle qui joue le rôle d'objet virtuel.

Quelle est la longueur de la lunette de Galilée ?

L'image objective se forme sensiblement au foyer de l'objectif. Le foyer de l'oculaire étant sensiblement au même point, on peut dire que la longueur de la lunette est sensiblement égale à la différence des distances focales de l'objectif et de l'oculaire.

A quoi est égal le grossissement ?

Il est égal à A $\dfrac{F}{f}$, comme dans la lunette astronomique.

A quoi est égal le champ ?

C'est l'intérieur du cône ayant pour sommet le centre optique de l'objectif et pour base la pupille de l'œil.

Y a-t-il un point oculaire comme dans la lunette astronomique ? Y a-t-il un axe optique ?

Non, puisque les rayons divergent en sortant de l'oculaire. Il faut donc placer l'œil le plus près possible de l'oculaire pour recevoir le maximum de rayons. Il n'y a pas d'axe optique.

Quels sont les avantages de la lunette de Galilée ?

Pour un même grossissement, elle est moins longue que la lunette astronomique. Possédant moins de lentilles, les images ont plus d'éclat, car le verre absorbe moins de lumière.

De quoi se compose le télescope de Newton ?

L'objectif est un miroir sphérique concave et l'oculaire est une loupe, avec laquelle on regarde l'image réelle donnée par le miroir. Cette image, qui se forme sensiblement au foyer du miroir, est rejetée dans une direction perpendiculaire à l'axe du miroir au moyen d'un petit prisme à réflexion totale. L'axe de la loupe est donc perpendiculaire à l'axe du miroir.

Quelle est la définition du grossissement du télescope ?

La même que pour la lunette astronomique. Sa

valeur est $\dfrac{F}{f}$, F étant la distance focale du miroir concave et f celle de l'oculaire. On le détermine expérimentalement comme avec la lunette astronomique.

Le télescope est-il muni d'un chercheur?

Oui, car son champ est très petit et l'on ne peut viser directement l'objet. L'axe du chercheur est parallèle à celui du miroir.

Quel est le perfectionnement apporté par Foucault au télescope de Newton?

Il a substitué un miroir parabolique au miroir sphérique.

Quel avantage y a-t-il à cette substitution?

Tous les rayons parallèles à l'axe convergent réellement au foyer. Le miroir parabolique n'a donc pas d'aberrations pour les points lumineux situés très loin. Les images sont beaucoup plus nettes.

Peut-on construire un miroir parabolique avec du bronze?

Non ; car, en frottant le bronze pour le polir, on use le miroir qui cesse d'être parabolique.

Quel miroir faut-il employer?

Un miroir en verre, argenté à sa surface extérieure. Quand l'argent est terni, on dépose une nouvelle couche d'argent, ce qui n'altère jamais le miroir.

Qu'est-ce que la lanterne magique, la lanterne à projection ou le microscope solaire?

C'est une lentille convergente qui donne d'un objet, très fortement éclairé par une lampe, le chalumeau oxydrique, l'arc électrique ou le soleil, au moyen d'un système de lentilles convergentes, une image réelle qu'on projette sur un écran.

Qu'a de remarquable la lentille convergente qui donne l'image?

Elle se compose de plusieurs lentilles convergentes

superposées, ayant des courbures faibles. On a ainsi l'avantage d'obtenir le même pouvoir convergent qu'avec une lentille unique à forte courbure, mais on diminue considérablement la coloration des images.

Comment met-on au point ?

En déplaçant la lentille par rapport à l'objet, on place l'image réelle sur l'écran.

Quelle est la valeur du grossissement ?

Le grossissement est le rapport des dimensions homologues de l'image et de l'objet. C'est donc $\frac{p'}{p}$, p' et p étant les distances de l'image et de l'objet à la lentille. Le grossissement augmente donc avec p', car p reste sensiblement constant. Il est limité par l'éclairement de l'image, qui diminue très vite quand p' augmente.

Qu'est-ce que la lentille à échelons de Fresnel ?

C'est un système de lentilles convergentes, pour phare, qui réfracte la lumière d'un foyer lumineux parallèlement à l'axe du système. Une seule lentille, à cause des aberrations de sphéricité, donnerait des rayons réfractés non parallèles, surtout sur les bords.

De quoi se compose ce système ?

Une lentille plan convexe (la portion plane est tournée vers le foyer lumineux), de faible ouverture, occupe la portion centrale. Les aberrations sont négligeables à cause de la faible ouverture. Cette lentille centrale est enveloppée par une suite de lentilles annulaires, dont les courbures sont calculées de façon à donner des rayons réfractés parallèles à l'axe de la lentille centrale.

Ce système de Fresnel existe-t-il dans la nature ?

Oui. Les couches concentriques du cristallin de l'œil possèdent des pouvoirs réfringents différents qui donnent le même résultat que les lentilles à échelons de Fresnel. Un des grands progrès futurs de l'optique sera de construire des lentilles semblables au cristallin.

VIII. – Photographie.

Qu'est-ce que le spectre ultra-violet ou chimique?

C'est la région du spectre solaire, non visible pour l'œil, située au delà du violet. Cette région contient les rayons les plus actifs pour produire les réactions chimiques.

Avec quelle matière convient-il de construire le prisme destiné à donner ce spectre?

Avec du quartz, qui n'absorbe pas autant que le verre les rayons chimiques.

Qu'appelle-t-on substances fluorescentes?

Des substances qui s'illuminent dans la région du spectre chimique (verre d'urane, solution de sulfate de quinine, décoction d'écorce de marronnier d'Inde, etc.). Certaines substances, le sulfure de calcium par exemple (obtenu par calcination du soufre avec des coquilles de *bénitiers* et un peu de sous-nitrate de bismuth), absorbent ces rayons et restent lumineuses pendant plusieurs heures.

Quelles sont les substances, altérées par les rayons chimiques, qui sont utilisées par la photographie?

1° Le bitume de Judée, soluble dans les essences et de teinte noire, qui devient insoluble dans les essences et blanc sous l'action de la lumière (employé en photogravure) ;

2° Les chlorure, bromure et iodure d'argent, employés dans les photographies ordinaires (méthode de Talbot);

3° Le mélange de gélatine et de bichromate de potasse, soluble dans l'eau chaude à l'obscurité, qui devient insoluble sous l'action de la lumière (photographies au charbon de Poitevin).

Qu'est-ce qu'une substance accélératrice?

Une substance qui accélère par sa présence l'action

de la lumière. La gélatine, par exemple, accélère considérablement l'action de la lumière sur le bromure d'argent (procédé au gélatino-bromure d'argent).

Qu'est-ce qu'une substance révélatrice?

Une substance qui produit la réaction *rendue possible* par l'action de la lumière sur la substance sensible (oxalate de fer, acide pyrogallique, hydroquinone, etc.).

Qu'est-ce qu'une substance fixatrice?

Une substance qui dissout les portions de la matière sensible non altérée par la lumière (hyposulfite de soude).

Quel est le but du virage?

Déplacer par réaction chimique une substance sensible très altérable et de couleur désagréable par une autre substance non altérable et de couleur agréable (chlorures d'or et de platine, etc.). ·

Donnez rapidement l'historique des découvertes photographiques.

Fabricius, au xvie siècle, découvre l'action de la lumière sur le chlorure d'argent.

1813. — Nicéphore Niepce découvre l'action de la lumière sur le bitume de Judée et s'en sert pour la reproduction des dessins.

1838. — Daguerre, qui a travaillé avec Nicéphore Niepce, obtient des images par l'action des vapeurs du mercure sur l'iodure d'argent (John Herschel découvre l'hyposulfite de soude comme fixateur, et Fizeau le chlorure d'or comme vireur).

1838. — Talbot obtient en Angleterre des images positives et négatives sur papier. (Talbot est l'inventeur du système actuellement employé.)

1847. — Niepce de Saint-Victor remplace le papier négatif de Talbot par une plaque de verre albuminée.

1851. — L'Anglais Legray remplace l'albumine par du collodion.

1878. — L'Anglais Kermett invente le procédé actuel au gélatino-bromure d'argent.

1838. — Mungo découvre l'action de la lumière sur le mélange de gélatine et de bichromate de potasse. En 1855, Talbot, Poitevin, etc., l'appliquent pour les photographies inaltérables au charbon.

1810. — Seebeck observe les couleurs du spectre sur le chlorure d'argent.

1848. — Becquerel obtient la photographie du spectre solaire sur le sous-chlorure d'argent.

1891. — M. Lippmann obtient des photographies colorées inaltérables à la lumière.

IX. — Chaleur rayonnante.

Qu'appelle-t-on spectre calorifique?

C'est le spectre produit par un prisme traversé par des rayons de chaleur, car les rayons calorifiques se comportent comme les rayons lumineux.

Quelle est la substance qu'il faut employer comme prisme?

Le sel gemme, car cette substance se laisse traverser par tous les rayons calorifiques, tandis que le verre en arrête une partie (ceux qui ne sont pas lumineux).

Où est situé le spectre calorifique obtenu avec la lumière du soleil?

Il comprend une partie du spectre lumineux (du jaune au rouge), mais il s'étend surtout au delà du rouge (infra-rouge). Le maximum de chaleur est dans cette portion obscure du spectre calorifique.

Existe-t-il des rayons calorifiques qui sont en même temps lumineux?

Oui, ceux qui sont communs au spectre calorifique et au spectre lumineux.

Comment constate-t-on la présence des rayons calorifiques dans le spectre calorifique?

Avec un thermomètre très petit, ou plutôt avec une pile de Melloni très étroite.

Existe-t-il aussi des raies comparables à celles de Fraunhofer dans le spectre calorifique?

Oui. En ces points, le thermomètre passe par des minima très prononcés.

Existe-t-il une identité entre les rayons calorifiques et les rayons lumineux?

Oui. A mesure que la température d'un corps augmente, le spectre calorifique s'étend davantage, c'est-à-dire que le corps émet des rayons de plus en plus réfrangibles.

Viennent ensuite des rayons lumineux rouges, en même temps calorifiques. Puis les rayons du spectre lumineux augmentent toujours de réfrangibilité, la couleur passe au rouge orangé et finalement au blanc, quand la température est assez élevée pour que l'œil reçoive simultanément la totalité du spectre lumineux.

Que faut-il en conclure?

Qu'il n'y a pas de différence essentielle entre les rayons calorifiques et les rayons lumineux. Seulement, l'œil, semblable à l'oreille qui ne perçoit qu'une partie des vibrations sonores, ne perçoit qu'une partie des vibrations de l'éther. Le thermomètre, à son tour, n'est sensible qu'à la partie la moins réfrangible de ces vibrations. Quant aux rayons les plus réfrangibles, ils ne sont décelés que par des réactions chimiques ou les substances fluorescentes.

La chaleur traverse-t-elle le vide?

Oui, puisqu'elle vient du soleil en même temps que la lumière. On le prouve aussi, pour les rayons obscurs, avec un thermomètre placé au milieu d'un tube où l'on a fait le vide barométrique et qu'on plonge dans l'eau chaude. Le thermomètre monte instantanément, ce qui prouve bien que la chaleur ne s'est pas transmise par conductibilité.

Qu'appelle-t-on intensité d'une source calorifique rayonnante dans tous les sens?

La quantité de chaleur reçue normalement par l'unité de surface à l'unité de distance.

Comment varie la quantité de chaleur reçue normalement par l'unité de surface quand la distance augmente?

Elle est inversement proportionnelle au carré des distances (même démonstration théorique que pour la lumière).

Peut-on comparer les intensités rayonnantes de deux sources calorifiques?

Oui, par une méthode semblable à celle de la photométrie. En portant deux surfaces identiques à la même température, on aurait aussi :

$$\frac{I}{I'} = \frac{D^2}{D'^2}.$$

Décrivez sommairement l'appareil de Melloni.

C'est une règle divisée en millimètres qui porte 1° une source calorifique aussi constante que possible (cube rempli d'eau bouillante, plaque de cuivre noirci chauffée par une lampe à alcool, pour des sources calorifiques obscures; — lampe de Locatelli, spirale de platine rougie, pour des sources calorifiques lumineuses); 2° des écrans percés d'ouvertures pour obtenir des faisceaux calorifiques ; 3° des écrans pleins pour arrêter ces faisceaux ; 4° une pile de Melloni avec son galvanomètre pour mesurer les quantités de chaleur; 5° un support pour recevoir divers objets.

Comment le galvanomètre mesure-t-il les quantités de chaleur reçues par la pile?

Ces quantités de chaleur sont proportionnelles aux

angles de déviation tant que ces angles ne dépassent pas 30 degrés. Au delà, il faut établir une table de graduation.

Qu'appelle-t-on pouvoir émissif d'une substance calorifique rayonnante ?

Le rapport de la quantité de chaleur émise par cette substance à celle qu'émet le noir de fumée, à la même température.

Pourquoi a-t-on choisi le noir de fumée pour terme de comparaison ?

Parce que c'est lui qui émet le plus de chaleur.

Le pouvoir émissif d'une même substance change-t-il avec la température ?

Oui.

Quel est le corps qui a le plus grand pouvoir émissif pour la chaleur obscure ?

Le blanc de céruse. Son pouvoir émissif est égal à 1.

Quels sont les corps qui ont le plus faible pouvoir émissif pour la chaleur obscure ?

Les métaux polis.

Citez une application déjà faite de ce faible pouvoir émissif des métaux.

Le calorimètre est argenté à sa surface extérieure.

Comment mesure-t-on le pouvoir émissif d'une substance pour la chaleur obscure ?

Avec le cube de Melloni dont les faces sont toutes à la même température. L'une des faces est recouverte de la substance et une autre de noir de fumée. On prend le rapport des angles de déviation du galvanomètre, obtenus d'abord en tournant vers la pile la face recouverte de la substance, puis la face couverte de noir de fumée.

Énoncez la loi de Newton relative à la vitesse de refroidissement des corps.

Quand l'excès de la température du corps sur le milieu ambiant ne dépasse pas une trentaine de degrés, les chutes de températures pendant des intervalles égaux et courts sont proportionnelles à la moyenne des températures observées au commencement et à la fin de chacun de ces intervalles.

* *Peut-on énoncer cette loi d'une autre façon?*

Oui. Le temps croissant en progression arithmétique, les excès de la température du corps sur le milieu ambiant diminuent cette progression géométrique.

Quelles sont les lois de la réflexion de la chaleur rayonnante?

Ce sont exactement celles de la lumière.

Comment le démontre-t-on?

On fait réfléchir un faisceau de rayons calorifiques obscurs sur un miroir et on détermine la position du faisceau réfléchi au moyen de la pile de Melloni. On constate que le faisceau incident et le faisceau réfléchi déterminent un plan perpendiculaire à la surface réfléchissante, et que l'angle d'incidence est égal à l'angle de réflexion.

Peut-on démontrer ces lois indirectement?

Oui, en vérifiant toutes les conséquences des lois de la réflexion, par exemple avec les miroirs ardents.

Qu'appelle-t-on pouvoir réflecteur d'une substance polie?

Le rapport de la quantité de chaleur réfléchie à la quantité de chaleur incidente.

Comment détermine-t-on le pouvoir réflecteur d'une substance?

On place la pile de Melloni à la distance D de la source lumineuse et on mesure la déviation α de l'aiguille du galvanomètre. On fait réfléchir la chaleur sur la surface et on place la pile sur le trajet des rayons réfléchis, de manière que la distance parcourue par la chaleur reste toujours D. On mesure l'angle de déviation α'. Le pouvoir réflecteur est $\dfrac{\alpha'}{\alpha}$.

Quels sont les corps qui ont le plus grand pouvoir réflecteur ?

Les métaux polis et surtout l'argent, l'or, le cuivre et le laiton.

Indiquez une application déjà faite du grand pouvoir réflecteur de l'argent.

On entoure le calorimètre d'un vase en argent poli.

La chaleur éprouve-t-elle aussi une diffusion ?

Oui. La pile accuse toujours l'existence d'un peu de chaleur en dehors du faisceau des rayons calorifiques régulièrement réfléchis.

Qu'appelle-t-on pouvoir absorbant d'un corps ?

Le rapport de la quantité de chaleur absorbée à la quantité de chaleur incidente.

Quel est le pouvoir absorbant du noir de fumée ?

Il est égal à 1, ce qui signifie que le noir de fumée absorbe la totalité des rayons qu'il reçoit.

Comment mesure-t-on le pouvoir absorbant d'un corps ?

Le corps étant choisi de façon que les rayons calorifiques ne le traversent pas (athermane), on le polit et on détermine son pouvoir réflecteur r. Le pouvoir absorbant est alors $a = 1 - r$.

En effet, soient Q la quantité de chaleur incidente, Qr la quantité réfléchie et Qa la quantité absorbée.

On a :

$$Q = Qr + Qa,$$

d'où, en divisant par Q :

$$1 = \frac{Qr}{Q} + \frac{Qa}{Q} = r + a.$$

Quel rapport existe-t-il entre le pouvoir absorbant et le pouvoir émissif?

Le pouvoir émissif d'un corps est toujours égal à son pouvoir absorbant, pour la même espèce de chaleur. Comme pour la lumière, un corps absorbe donc les rayons calorifiques qu'il est lui-même capable d'émettre.

Qu'appelle-t-on pouvoir diathermane d'un corps?

Le rapport de la quantité de chaleur qui a traversé un corps à la quantité de chaleur incidente.

Comment mesure-t-on le pouvoir diathermane?

On prend le rapport des angles de déviation obtenus en recevant, sur la pile de Melloni, d'abord le faisceau calorifique ayant traversé une plaque taillée dans la substance diathermane, puis le faisceau calorifique non altéré.

Le pouvoir diathermane d'une même substance change-t-il avec la nature de la chaleur incidente?

Oui. Le verre, par exemple, est presque athermane pour les rayons calorifiques obscurs, mais il est diathermane pour les rayons calorifiques lumineux.

Qu'a de remarquable le sel gemme?

Son pouvoir diathermane est sensiblement égal à l'unité pour les rayons calorifiques de toute nature.

Que faut-il conclure des résultats précédents?

Que les substances se comportent pour la chaleur rayonnante comme pour la lumière. De même que le verre bleu ne se laisse traverser que par la lumière bleue, de même certaines substances ne se laissent traverser que par des radiations calorifiques d'une nature déterminée.

Connaissez-vous un corps qui se laisse traverser par la chaleur obscure et non par la lumière?

La dissolution concentrée d'iode dans l'alcool.

Énoncez l'hypothèse de l'équilibre mobile de température.

Tous les corps émettent des rayons calorifiques, à toutes les températures. La quantité de chaleur émise augmente avec la température. Le corps le plus chaud se refroidit parce qu'il perd plus de chaleur qu'il n'en reçoit; c'est le contraire pour le corps le plus froid. Quand tous les corps sont à la même température, il y a encore émission de chaleur, mais la perte pour chaque corps est exactement compensée par le gain correspondant.

ÉLECTRICITÉ ET MAGNÉTISME

I. — Électrisation par frottement. — Loi des attractions et des répulsions électriques. — Distribution, pouvoir des pointes. — Potentiel et capacité électrique.

Qu'arrive-t-il quand on frotte deux corps l'un contre l'autre?

L'un s'électrise positivement et l'autre négativement. Les deux électricités sont en quantités égales.

Qu'appelle-t-on électricité positive?

Celle qui est repoussée par l'électricité développée par le verre frotté avec de la laine et qui est attirée par l'électricité développée sur la résine frottée avec de la laine.

Qu'appelle-t-on électricité négative?

Celle qui attire l'électricité du verre et qui repousse celle de la résine.

* *Énoncez les lois de Coulomb.*

Deux sphères étant chargées d'électricité, il y a attraction ou répulsion suivant que ces électricités sont de noms contraires ou de mêmes noms. Quant à l'intensité de ces forces attractives ou répulsives, elle est donnée par la formule $A = \dfrac{qq'}{d^2}$, q et q' étant les quantités d'électricité dont sont chargées les sphères et d la distance. Il faut employer le signe $+$ ou le signe $-$ suivant qu'il y a attraction ou répulsion. On énonce ainsi les lois contenues dans la formule :

1° Les forces attractives ou répulsives sont proportionnelles au produit des quantités d'électricité des deux sphères ;

2° Elles sont en raison inverse des carrés des distances.

Quelle est l'unité de quantité d'électricité ?

Celle qui, en agissant sur une quantité égale, à une distance 1, produit une force répulsive égale à 1. En effet, on a :

$$1 = \frac{q^2}{1},$$

d'où

$$q = 1.$$

Où se porte l'électricité dans les corps mauvais conducteurs ?

Elle les pénètre peu à peu, comme l'eau pénètre dans une éponge. L'électricité ne peut y circuler rapidement.

Où se porte l'électricité dans les corps conducteurs ?

Elle circule très vite dans les corps conducteurs et se rend à leur surface, d'où elle se loge dans le corps mauvais conducteur qui enveloppe le bon conducteur (expériences de la sphère creuse, de la sphère enveloppée de deux hémisphères, du cylindre, du filet de Faraday).

Quels sont les corps qui conduisent le mieux l'électricité ?

Les métaux, et surtout l'argent et le cuivre. En règle générale, les corps qui conduisent le mieux la chaleur sont aussi ceux qui conduisent le mieux l'électricité.

Quels sont les corps mauvais conducteurs ?

Principalement la résine, le verre bien sec, l'ébonite ou caoutchouc durci, la porcelaine, et surtout la paraffine bien propre à sa surface.

Pourquoi le verre est-il généralement conducteur?

A cause de l'eau qu'il condense à sa surface.

Qu'est-ce que le plan d'épreuve?

Un petit disque métallique supporté par un manche isolant. Il sert à prendre à un corps électrisé une portion de son électricité.

Quelle est la distribution de l'électricité sur une sphère?

La quantité d'électricité y est partout la même à la surface.

Quelle est la distribution de l'électricité sur un ovoïde?

L'électricité s'accumule sur la portion la plus pointue.

Quelle est la distribution de l'électricité sur un plateau?

Elle s'accumule sur les bords.

Qu'appelle-t-on pouvoir des pointes?

La propriété que possède l'électricité de s'échapper par les pointes (tourniquet électrique, flamme d'une bougie soufflée, vent électrique).

Comment se perd l'électricité?

Par les supports et par l'air. La déperdition par l'air est très faible (supports de M. Mascart, à la paraffine, etc.).

* *Qu'est-ce que le potentiel électrique?*

C'est quelque chose de comparable à la température d'un corps. Le potentiel joue le même rôle en électricité que la température en chaleur. Un corps de température plus élevée cède de la chaleur à un corps de température moindre : de même, un conducteur cède de l'électricité à un autre conducteur de plus faible potentiel. Plusieurs corps mis en présence finissent par avoir la même température : de même, divers conducteurs en contact se mettent au même potentiel. La température est partout la même sur un corps, quand

12.

l'équilibre de température existe : de même, le potentiel d'un conducteur est partout le même, la charge électrique étant cependant variable d'un point du conducteur à l'autre.

Comment mesure-t-on le potentiel d'un conducteur?

Par une méthode semblable à celle qui sert à mesurer la température. Le thermomètre est un petit corps que l'on met en équilibre de température avec celui dont on veut mesurer la température. On mesure ensuite par la dilatation du thermomètre la quantité de chaleur qu'il a absorbée. De même, on met le conducteur dont on veut mesurer le potentiel en communication avec une petite boule, au moyen d'un fil long et fin. La boule se met au même potentiel que le conducteur. On mesure le potentiel de la boule en mesurant la quantité d'électricité dont elle est chargée. Pour cela, on la met en communication avec deux feuilles d'or voir plus loin l'électroscope à feuilles d'or). L'angle d'écart des feuilles mesure le potentiel.

Pourquoi faut-il que la boule soit petite et le fil fin?

Pour ne pas enlever trop d'électricité au corps; sinon, on abaisserait trop son potentiel.

Pourquoi faut-il que le fil soit long?

Pour que la boule soit très éloignée du conducteur; sinon, elle serait influencée par le conducteur.

Quelles sont les expériences qu'on peut faire pour montrer l'analogie du potentiel avec la température?

1° On promène l'extrémité du fil sur toute la surface d'un conducteur ovoïde, et l'on constate que l'angle d'écart des feuilles d'or reste constant. Donc le potentiel est partout le même sur le conducteur, malgré les différences de charge qu'il possède à ses deux extrémités.

2° Deux conducteurs différents sont mis chacun en communication avec une boule et des feuilles d'or. Les angles d'écart des feuilles indiquent que ces conducteurs ne sont pas au même potentiel. On met les deux conducteurs en communication au moyen d'un fil long et fin (les conducteurs sont éloignés l'un de l'autre pour ne pas s'influencer réciproquement). On constate que leurs potentiels deviennent égaux et que c'est le potentiel le plus élevé qui a diminué pendant que l'autre a augmenté.

3° Deux conducteurs au même potentiel conservent le même potentiel quand on les fait communiquer comme précédemment.

Quand dit-on que le potentiel d'un conducteur est nul?

Quand ce conducteur ne peut fournir d'électricité à un autre conducteur non électrisé.

Quel est le potentiel d'un corps en communication avec le sol?

Il est nul.

* *Qu'appelle-t-on capacité électrique d'un conducteur?*

En fournissant une quantité de chaleur Q à un corps, on obtient pour ce corps une température T qui dépend de la chaleur spécifique C de ce corps. De même, en fournissant une quantité d'électricité Q à un conducteur, on obtient pour ce conducteur un potentiel V qui dépend d'une certaine quantité C qu'on appelle sa capacité électrique.

La chaleur spécifique C est la quantité de chaleur qu'il faut fournir à l'unité de poids d'un corps pour élever sa température d'un degré. De même, on appelle capacité électrique C d'un conducteur la quantité d'électricité qu'il faut lui fournir pour élever son potentiel d'une unité.

* *Quelle est la formule qui relie les trois quantités Q, V et C?*

Donnons à un conducteur primitivement neutre une quantité d'électricité Q, et soit V son potentiel. Pour élever son potentiel d'une unité, il aurait fallu lui fournir une quantité d'électricité égale à $\frac{Q}{V}$.

On a donc :

$$C = \frac{Q}{V}.$$

Comment peut-on alors définir la capacité d'un conducteur?

C'est le rapport constant de la quantité d'électricité dont le conducteur est chargé à son potentiel, lorsqu'on fait varier la charge électrique.

Que signifie cette expression : la capacité d'un conducteur augmente?

Cela signifie que, pour élever le conducteur au même potentiel V, il faut lui fournir une charge électrique Q plus considérable. On voit, en effet, que C augmente quand Q augmente, V restant constant. On peut encore dire que C augmente quand, pour une même charge Q, le potentiel du conducteur diminue.

De quoi dépend la capacité d'un conducteur?

De la forme du conducteur et des dimensions de sa surface extérieure. Elle est indépendante de la nature du corps.

II. — Électrisation par influence. — Électroscopes et électromètres. — Machines électriques. — Paratonnerres.

Qu'appelle-t-on champ électrique?

La portion de l'espace où l'action d'un corps électrisé se fait sentir. Les corps situés dans le champ électrique subissent l'*influence* du corps électrisé.

Quelle est l'action d'un corps électrisé A sur un conducteur isolé B placé dans son champ électrique?

Il se développe deux électricités de noms contraires

sur B, toujours en quantités égales. La région de B la plus rapprochée de A se charge d'une électricité de nom contraire à celle de A, et la région la plus éloignée d'une électricité de même nom.

Qu'est-ce que la ligne neutre?

C'est la zone de B qui sépare les deux électricités de noms contraires et qui reste à l'état neutre.

Comment varie la position de la ligne neutre avec la distance qui sépare A de B?

Quand B est très près de A, la ligne neutre est très voisine du point de B le plus proche de A, c'est-à-dire que l'électricité de nom contraire à celle de A s'accumule vers ce point. A mesure que B s'éloigne, la ligne neutre s'éloigne. Elle atteint le milieu de B quand B est très loin de A.

Qu'est-ce qui prouve que les deux électricités contraires de B sont en quantités égales?

C'est que B revient à l'état neutre quand on éloigne assez A pour que son action soit nulle.

Qu'arrive-t-il si B enveloppe complètement A?

Faraday a montré qu'il se développe sur la surface intérieure de B une quantité d'électricité égale et de signe contraire à celle de A ; il se développe aussi sur la surface extérieure de B une quantité égale d'électricité, mais de même signe que celle de A.

Qu'arrive-t-il si B se rapproche trop de A ?

Il éclate une étincelle, due à la réunion des deux électricités de noms contraires à travers l'air. B reste chargé seulement d'électricité de même nom que celle de A, qui a dès lors perdu une partie de sa charge.

Quelle est l'influence de A sur B quand celui-ci est en communication avec le sol par l'un quelconque de ses points?

La partie de B voisine de A reste toujours chargée

d'une électricité contraire à celle de A, tandis que l'électricité de même nom s'échappe dans le sol.

Qu'arrive-t-il si l'on rompt alors la communication de B avec le sol et si l'on éloigne A?

L'électricité de nom contraire à celle de A devient libre, se répand sur toute la surface de B, en sorte que B reste chargé d'une électricité de nom contraire à celle de A.

Pourquoi A et B s'attirent-ils réciproquement?

Si B est primitivement à l'état neutre et isolé, l'attraction de A sur l'électricité de nom contraire, qui s'est développée sur la partie de B la plus voisine de A, l'emporte sur la répulsion de A pour l'électricité de même nom développée à l'autre extrémité de B.

Si B communique avec le sol, l'attraction est plus grande, puisque l'électricité de même nom s'est répandue dans le sol.

Quelle est la précaution essentielle à prendre quand on veut s'assurer que deux corps A et B électrisés s'attirent ou se repoussent parce qu'ils sont chargés d'électricités de noms contraires ou de mêmes noms?

Si A est très fortement chargé et si B l'est faiblement, il peut arriver, quand A et B sont très voisins, que l'électricité développée par l'influence de A sur B, et la plus rapprochée de A, agisse d'une façon prépondérante. Il est donc essentiel de vérifier l'action réciproque de A et de B, quand ces corps sont éloignés. Sinon, une attraction pourrait se changer en répulsion, ou réciproquement.

Qu'est-ce qu'un électroscope?

Un instrument destiné à vérifier si un corps est électrisé et quelle est la nature de son électricité.

Quel est l'électroscope le plus simple?

Le pendule électrique. Un corps électrisé qu'on en approche l'attire. Si l'on charge le pendule avec une électricité connue, par contact avec du verre ou de la résine frottés, l'attraction ou la répulsion du corps électrisé sur le pendule indique la nature de son électricité.

Comment prouve-t-on qu'un corps est électrisé avec l'électroscope à feuilles d'or?

On approche le corps A de la boule de l'électroscope. Si A est électrisé, il se développe sur la boule une électricité de nom contraire à celle de A et sur les feuilles d'or une électricité de même nom. Les deux feuilles se repoussent.

A quoi servent les deux conducteurs métalliques qui sont placés dans le voisinage des feuilles d'or?

1° Ils servent à décharger les feuilles quand leur écart devient trop grand; 2° ils augmentent l'écart des feuilles. En effet, les feuilles développent sur ces conducteurs une électricité de nom contraire, tandis que l'électricité de même nom s'échappe dans le sol (les conducteurs communiquent avec le sol).

Comment reconnaît-on la nature de l'électricité dont un corps est chargé avec l'électroscope à feuilles d'or?

On approche A de la boule de l'électroscope. Il se développe dans la boule une électricité contraire à celle de A et sur les feuilles une électricité de même nom ; les deux feuilles divergent. On met le doigt sur la boule : *l'électricité des feuilles* va dans le sol et les feuilles retombent. On enlève le doigt et le corps : l'électricité de la boule devient libre et une partie descend dans les feuilles qui divergent de nouveau. En définitive, les feuilles sont chargées d'une électricité contraire à celle du corps.

On approche alors de la boule, et de loin, un bâton

de verre ou de résine frotté. Si les feuilles se rapprochent, c'est que le corps est chargé de la même électricité que celle du bâton; si les feuilles s'écartent. davantage, c'est que le corps est chargé d'une électricité de nom contraire à celle du bâton.

Qu'arrive-t-il si le bâton n'est pas électrisé?

Il y a rapprochement des feuilles, car la boule agit par influence sur le bâton, y développe dans son voisinage une électricité de nom contraire à la sienne, ce qui a pour effet de rapprocher les feuilles.

Que faut-il en conclure?

Le rapprochement des feuilles laisse un doute sur le résultat cherché.

Comment lève-t-on ce doute?

On met le doigt sur la boule de manière à décharger l'électroscope. On enlève le doigt. Si les feuilles ne s'écartent plus, c'est que le bâton n'était pas électrisé. On peut aussi faire une contre-épreuve. En changeant la nature du bâton frotté, on change le rapprochement des feuilles en un écart plus grand. D'ailleurs, il est préférable de faire la contre-épreuve dans tous les cas.

Qu'est-ce qu'un électromètre?

Un instrument destiné à mesurer le potentiel d'un corps électrisé.

Qu'est-ce qui mesure le rapport des potentiels de deux corps électrisés dans l'électromètre à quadrants de William Thomson?

Le rapport des angles de déviation de la plaque, obtenus en mettant successivement chacun des corps électrisés en communication avec l'instrument.

Comment faut-il opérer?

La plaque mobile communique avec une source constante d'électricité positive (pile à eau à nombreux éléments) ; les secteurs 1 et 3 communiquent avec le sol ; les secteurs 2 et 4 communiquent par un fil long et fin avec le corps dont on veut mesurer le potentiel.

Donnez la théorie de l'électrophore.

Le gâteau de résine frotté se charge négativement. Par influence, il développe de la positive sous le plateau métallique et de la négative au-dessus. En mettant le doigt sur le plateau, la négative va dans le sol. En soulevant le plateau, la positive se répand sur toute sa surface.

Pourquoi n'obtient-on pas d'étincelle quand on approche le doigt du plateau métallique non soulevé (après avoir déjà mis le doigt dessus) ?

Parce que l'électricité positive est retenue au-dessous par la négative du gâteau. Le potentiel du plateau est d'ailleurs nul, puisqu'il a été mis en contact avec le sol.

Pourquoi faut-il couler le gâteau de résine dans un moule métallique ?

Le moule se charge positivement par influence. Cette électricité attire la négative qu'on a développée par frottement sur la surface de la résine, en sorte qu'elle pénètre davantage dans la résine. En continuant à frotter, on *imprègne* donc la résine d'une plus grande quantité d'électricité. La charge positive du disque métallique est donc aussi plus considérable.

Donnez la théorie de la machine de Ramsden.

Le plateau de verre se charge positivement par frottement contre les coussins. La négative des coussins s'écoule dans le sol par des fils métalliques. En arrivant devant les mâchoires, la positive du verre développe par influence de la négative dans les pointes et de la positive qui est refoulée dans le cylindre. La négative s'échappe par les pointes et neutralise la positive du verre.

Comment mesure-t-on la limite de charge ou de potentiel de la machine?

Avec l'électromètre de Henley.

** Pourquoi y a-t-il une limite de charge?*

Parce qu'il arrive un moment où la charge positive du cylindre est assez considérable pour neutraliser l'action décomposante de l'électricité positive qui se trouve sur le plateau de verre. A ce moment il y a équilibre.

** De quoi dépend la valeur de cette limite de charge?*

Elle ne dépend ni de la vitesse de rotation du plateau, ni de la nature du verre, ni de celle des coussins. Elle augmente avec la longueur du cylindre collecteur.

** Comment mesure-t-on la valeur de cette charge?*

La charge est proportionnelle à la longueur des étincelles obtenues en approchant le doigt du cylindre.

** Qu'appelle-t-on débit de la machine?*

La quantité d'électricité qu'elle donne pendant un certain temps.

** Comment mesure-t-on le débit?*

En comptant le nombre des étincelles données par la machine pendant un temps donné. Les étincelles sont reçues par une boule placée à une distance constante du cylindre et communiquant avec le sol.

** De quoi dépend le débit?*

Il est proportionnel à la vitesse de rotation du plateau et à la surface frottée. Il dépend de la nature du verre et de celle des coussins (c'est pour cela qu'on frotte les coussins avec de l'or mussif ou bisulfure d'étain). Il est indépendant de la dimension du cylindre, de la pression des coussins sur le verre et de la largeur des coussins.

Pourquoi la foudre tombe-t-elle sur un édifice?

Soit un nuage chargé positivement passant sur l'édifice. Il développe par influence de l'électricité négative au sommet de l'édifice, tandis que la positive va dans le sol. L'éclair est le résultat de la combinaison de la positive du nuage avec la négative du sommet de l'édifice.

Quelle est l'action du paratonnerre de Franklin ?

La pointe dont l'édifice est armé permet à la négative de s'écouler dans l'air et l'étincelle ne peut plus avoir lieu.

Avec quoi forme-t-on la pointe?

Avec du platine ou du cuivre doré, afin d'éviter l'oxydation qui détruirait la pointe.

Pourquoi la tige du paratonnerre est-elle longue?

On *admet* que cette tige protège une surface circulaire dont le rayon est le double de sa hauteur. Il faut donc augmenter la hauteur pour accroître l'efficacité du paratonnerre.

A quelle condition le paratonnerre sera-t-il efficace?

Puisqu'il a pour but de laisser écouler l'électricité du sommet de l'édifice, il faut qu'il soit en communication avec toutes les parties conductrices de l'édifice. C'est ce qu'on ne fait pas, et c'est cependant l'essentiel.

Comment assure-t-on l'écoulement de l'électricité dans le sol?

En mettant la tige du paratonnerre en communication avec l'eau d'un puits au moyen de tiges de fer.

III. — Condensation.

Quels sont les organes essentiels du condensateur d'Œpinus?

Un plateau A (collecteur) en communication avec la

source électrique de potentiel V; un plateau B (condensateur) en communication avec le sol; une matière isolante entre les deux plateaux.

Quel est le potentiel de A quand B n'est pas encore placé?

Le potentiel V de la source.

Quelle est sa capacité?

Si Q est la quantité d'électricité dont il est chargé, on a :

$$c = \frac{Q}{V}.$$

Comment mesure-t-on le potentiel de ce plateau?

Par l'angle d'écart α d'un pendule de Henley mis en communication avec le plateau.

Qu'arrive-t-il quand on met le plateau B en place?

Il s'y développe par influence de la négative sur la face qui regarde A et de la positive qui s'écoule dans le sol (on suppose la source positive). La négative de B attire la positive de A qui s'accumule vers la matière isolante. Une nouvelle quantité d'électricité peut donc s'écouler de la source sur A. La négative de B s'accumule aussi vers la matière isolante. L'arrivée d'une nouvelle quantité d'électricité sur A produit par influence une nouvelle formation de négative sur B, et ainsi de suite jusqu'à ce que l'équilibre s'établisse.

A quel moment l'équilibre se produit-il?

Il faut d'abord remarquer que la quantité d'électricité négative formée sur le plateau B est inférieure à la quantité d'électricité positive qui se trouve sur le plateau A. En effet, le conducteur qui relie B au sol est neutre : donc l'action de la négative de B est égale et contraire à l'action de la positive de A. Mais B étant plus proche que A, il faut nécessairement, pour que les deux actions se fassent équilibre, que la charge de B soit inférieure à celle de A.

Donc, la négative de B, étant plus éloignée et en moindre quantité, exerce sur la positive de la source une attraction inférieure à la répulsion de la positive de A qui est plus rapprochée et en plus grande quantité. L'équilibre existe donc quand les actions contraires de A et de B sur la positive de la source sont égales.

Comment démontre-t-on que le plateau B est à un potentiel nul?

En mettant B en communication avec un électromètre de Henley. Celui-ci ne diverge pas.

Peut-on démontrer directement que la charge de B est inférieure à celle de A?

Oui. On rompt les communications de A et de B avec la source et on éloigne les deux plateaux. Le pendule de B fait alors un angle d'écart inférieur à celui du pendule de A.

Quand la limite de charge est atteinte, quel est le potentiel de A?

Le potentiel V de la source. L'angle α d'écart du pendule de A (A fait partie du condensateur) est égal à l'angle que faisait ce même pendule quand A communiquait seul avec la source sans faire partie du condensateur.

Quelle est alors la capacité de A?

On a : $c' = \dfrac{Q'}{V}$, Q' étant la charge de A quand il fait partie du condensateur.

Qu'appelle-t-on force condensante?

Le rapport $\dfrac{Q'}{Q}$ de la charge Q' de A quand il fait partie du condensateur, à sa charge Q quand il n'en fait pas partie.

Est-ce aussi le rapport $\frac{c'}{c}$ des capacités de A dans les mêmes circonstances?

Oui. On a :

$$c' = \frac{Q'}{V} \quad \text{et} \quad c = \frac{Q}{V};$$

donc,

$$\frac{c'}{c} = \frac{Q'}{Q}.$$

De quoi dépend la force condensante?

Elle augmente quand la distance qui sépare les plateaux diminue. Elle dépend aussi de la nature de la matière isolante. Le mica donne la plus grande force condensante.

L'électricité est-elle en réalité sur les deux plateaux?

Non, elle est surtout sur la matière isolante qui les sépare. Pour le prouver, on rompt les communications de A et de B avec la machine et avec le sol, et on les sépare. On décharge les plateaux avec le doigt, puis on reforme le condensateur. Or on peut décharger le condensateur comme si l'on n'avait pas touché les plateaux (on peut aussi se servir de la bouteille de Leyde démontable).

A et B étant isolés de la source et du sol, qu'arrive-t-il si l'on touche B avec le doigt?

Rien, puisque son potentiel est nul.

Qu'arrive-t-il si l'on touche A?

Le potentiel de A étant V, on obtient une petite étincelle. Le pendule de A retombe, puisque le potentiel de A devient nul, tandis que le pendule de B se relève. En effet, l'électricité enlevée à A laisse libre une partie de l'électricité de B.

Qu'arrive-t-il si l'on touche ensuite A?

On a une étincelle. Le pendule de B retombe et celui

de A se relève. On décharge ainsi successivement le condensateur en touchant successivement les deux plateaux.

Comment décharge-t-on instantanément le condensateur?

En touchant en même temps avec un conducteur (excitateur universel) les deux plateaux A et B. Il éclate une série d'étincelles qui se superposent dans un temps très court et constituent une forte décharge. Tout se passe comme dans la décharge successive, mais dans un temps non appréciable. La décharge est d'ailleurs facilitée par l'échauffement de l'air sur le passage des étincelles et par les vapeurs métalliques qui se dégagent du conducteur.

Remarque-t-on un phénomène semblable dans les orages?

Oui. Les nuages et le sol forment un condensateur. Or, quand l'éclair jaillit, l'air s'échauffe sur son passage, devient bon conducteur, et l'on remarque souvent un écoulement électrique qui dure un temps très appréciable.

Qu'appelle-t-on étincelles résiduelles?

Si on attend quelques minutes, il est encore possible d'obtenir avec l'excitateur une assez longue série d'étincelles qui vont en diminuant d'intensité. Cela tient à ce que les électricités de noms contraires sont accumulées dans la matière isolante et qu'il faut un certain temps pour qu'elles quittent cette matière pour venir sur les plateaux conducteurs.

Qu'est-ce que la bouteille de Leyde?

Un condensateur de forme cylindrique. La charge de l'armature extérieure est sensiblement égale à la charge de l'armature intérieure.

Quelle est la valeur de la charge?

Elle est $Q = \dfrac{VS}{4\pi e}$, V étant le potentiel de la source qui a servi à charger, S la surface de l'armature, e l'épaisseur du verre.

Cette formule est-elle vraie pour le condensateur à plateaux ?

Oui, pourvu que la distance e des deux plateaux soit très faible par rapport au diamètre des plateaux.

Décrivez l'électroscope condensateur de Volta.

C'est un électroscope à feuilles d'or, dont les feuilles sont en communication avec un condensateur à plateaux d'Œpinus. La matière isolante est ici formée par les couches de gomme laque qui se trouvent sur les faces intérieures des plateaux.

Pourquoi ne pas mettre une simple feuille isolante entre les plateaux ?

Parce que les électricités contraires resteraient en regard sur la feuille isolante quand on séparerait les plateaux. En coupant la feuille en deux, les électricités se répandent librement sur les plateaux.

Quel plateau faut-il mettre en communication avec la source ?

Celui qui communique avec les feuilles d'or, car c'est le plateau qui a été mis en communication avec la source qui possède la charge la plus considérable. L'autre plateau communique avec le sol.

L'électroscope condensateur est-il avantageux quand le corps électrisé n'est pas une source électrique ?

Non, il faut dans ce cas employer l'électroscope ordinaire, car la boule ayant une surface moindre que le plateau, il y a une plus grande quantité d'électricité qui peut descendre dans les feuilles.

Quel avantage présente l'électroscope condensateur sur l'électroscope ordinaire quand on veut constater l'existence d'une source électrique à très faible potentiel ?

Le potentiel V de la source étant très faible, l'écartement des feuilles d'or serait insigniflant avec l'électroscope ordinaire. Au contraire, avec l'électroscope condensateur, le potentiel sur le plateau inférieur devient VF après séparation des deux plateaux, F étant la force condensante du condensateur. La divergence des feuilles d'or peut donc devenir très appréciable si F est assez grande.

Démontrez que le nouveau potentiel est bien VF.

On a : $F = \dfrac{c'}{c}$, c' et c étant les capacités du plateau inférieur quand il fait partie du condensateur et quand il est seul en communication avec la source. On a d'ailleurs : $Q = c'V$, Q étant la charge de ce plateau quand il fait partie du condensateur et V le potentiel de la source.

Or, quand on soulève le plateau supérieur, la capacité du plateau inférieur redevient c. Sa charge Q reste la même et le potentiel nouveau est V', donné par la relation $Q = cV'$. Donc,

$$F = \frac{c'}{c} = \frac{\dfrac{Q}{V}}{\dfrac{Q}{V'}} = \frac{V'}{V}$$

ou

$$V' = VF.$$

IV. — Aimants.

Qu'est-ce que l'aimant naturel?

Un oxyde de fer naturel Fe^3O^4.

Qu'est-ce que les pôles?

Les endroits de l'aimant naturel qui attirent la limaille de fer.

Qu'est-ce que les lignes neutres?

Les zones qui n'attirent pas la limaille.

13.

Qu'est-ce qu'un aimant artificiel ?

Un barreau d'acier qu'on a aimanté avec un aimant naturel.

Comment ?

Par la méthode de la simple touche. On frotte le barreau d'acier, toujours dans le même sens, avec l'un des pôles de l'aimant naturel.

Quelle est la distribution de l'aimantation sur ce barreau d'acier ?

Elle est régulière, tandis qu'elle était le plus souvent très irrégulière sur l'aimant naturel. Il y a deux pôles aux extrémités, c'est-à-dire que la limaille est attirée seulement aux extrémités du barreau, et une zone neutre au milieu. De plus, l'aimantation est symétrique aux deux extrémités.

Qu'arrive-t-il si la friction du barreau est mal faite ?

Il se produit des pôles conséquents, c'est-à-dire qu'il y a des centres d'aimantation dans la partie centrale du barreau. Les pôles de noms contraires alternent toujours.

Quels noms donne-t-on aux pôles d'un aimant ?

On appelle pôle nord celui qui se dirige vers le nord de la terre et pôle sud celui qui se dirige vers le sud. Une ancienne théorie, abandonnée aujourd'hui, avait conduit à les appeler pôles austral et boréal, ce qui semble un contresens.

Comment aimante-t-on un barreau d'acier avec un autre barreau d'acier aimanté ?

On se sert encore de la méthode de la simple touche. Il se développe un pôle de même nom que celui qui frotte à l'endroit où commence la friction, et un pôle de nom contraire à l'autre extrémité.

Qu'arrive-t-il quand on met un barreau d'acier à la suite d'un aimant ?

Le barreau d'acier devient à la longue un aimant où

les pôles sont distribués comme dans le premier. L'acier conserve son aimantation.

Peut-on aimanter un barreau de fer pur?

Oui, mais seulement temporairement. Le fer pur ou doux, comme disent les métallurgistes, perd son aimantation aussitôt que la cause d'aimantation cesse.

Quel nom donne-t-on à la cause inconnue qui permet à l'acier de garder son aimantation?

Force coercitive.

Qu'est-ce que le magnétisme rémanent?

C'est le peu de magnétisme qui persiste encore dans le fer doux.

Comment peut-on rendre le magnétisme rémanent presque nul?

En employant des aimants composés de faisceaux de fils de fer doux au lieu de noyaux massifs. De plus, il faut empêcher le contact du fer doux avec le fer doux qu'il attire.

Qu'est-ce que le spectre magnétique?

C'est la figure formée par la limaille de fer projetée sur une feuille de papier qui recouvre un aimant.

Qu'appelle-t-on champ magnétique?

La portion de l'espace où se fait sentir l'action magnétique d'un aimant.

Qu'appelle-t-on lignes de force?

Les lignes dessinées par la limaille de fer dans le spectre magnétique.

Qu'arrive-t-il quand on brise un aimant en deux?

On obtient deux aimants dont les pôles sont distribués de la même façon. Il se produit donc deux pôles de noms contraires au point de rupture.

Comment Coulomb explique-t-il ce résultat?

En admettant que chaque atome d'acier est un aimant

complet, ayant deux pôles. L'action de l'aimant sur un point magnétique extérieur n'est que la résultante de toutes les actions des atomes magnétiques sur ce point.

Quelle est la définition précise des pôles d'un aimant?

L'action d'un aimant sur un point magnétique extérieur, très éloigné par rapport à la dimension de l'aimant, se réduit à un couple. Les pôles sont les points d'application des deux forces qui composent ce couple.

Qu'appelle-t-on ligne des pôles?

La ligne qui joint les deux pôles.

Qu'est-ce que la masse magnétique d'un pôle?

C'est la quantité d'aimant contenue dans chaque moitié d'un aimant et qui produit la force du couple magnétique appliquée au pôle. Dans un aimant bien construit, les masses magnétiques sont égales dans chaque moitié du barreau.

Énoncez la loi des attractions et des répulsions des pôles magnétiques de Coulomb.

Les forces attractives ou répulsives de deux pôles sont en raison inverse des carrés de leurs distances et proportionnelles au produit de leurs masses magnétiques.

$$A = \pm \frac{qq'}{d^2}.$$

Quelle est l'unité de masse magnétique?

C'est la masse qui, en agissant sur une masse égale, à une distance 1, produit une force répulsive égale à 1. En effet, on a :

$$1 = \frac{q^2}{1};$$

d'où

$$q = 1.$$

Quelle est la construction d'un fort aimant?

Jamin a montré qu'il est utile d'employer un faisceau de lames minces d'acier aimanté. Siemens a enveloppé les pôles de fer doux, ce qui a l'avantage de distribuer plus uniformément l'aimantation.

———

Quelles sont les coordonnées qui servent à fixer la position de l'aiguille aimantée, librement suspendue par son centre de gravité, en un point déterminé de la terre?

La déclinaison et l'inclinaison.

Pourquoi faut-il que l'aiguille aimantée soit fixée par son centre de gravité?

Pour neutraliser l'action de la pesanteur et ne laisser subsister que l'action de la terre.

Qu'est-ce que la déclinaison?

L'angle dièdre du méridien magnétique avec le méridien géographique.

Qu'est-ce que le méridien magnétique?

Le plan vertical passant par les pôles de l'aiguille aimantée, c'est-à-dire contenant l'axe des pôles.

Qu'est-ce que le méridien géographique?

Le plan vertical passant par le centre de gravité de l'aiguille et par les pôles de la terre.

Qu'est-ce que l'inclinaison?

L'angle aigu de la partie nord de la ligne des pôles de l'aiguille aimantée avec une horizontale contenue dans le méridien magnétique.

Où est située la partie nord de l'aiguille aimantée, en France?

Vers le sol. C'est la ligne que suivrait un tunnel allant directement de France au pôle.

Donnez la description de la boussole de déclinaison.

C'est une aiguille aimantée, rendue horizontale par un contrepoids. Elle est mobile autour d'un axe vertical (pivot ou fil de soie sans torsion). Une plaque horizontale et circulaire, mobile autour du même axe vertical que l'aiguille, porte des montants verticaux qui soutiennent un axe horizontal, placé au-dessus de l'aiguille. Cet axe horizontal porte une lunette, mobile dans un plan vertical quelconque (en tournant la plaque), mais contenant toujours l'axe vertical de rotation de l'aiguille. La plaque porte un vernier qui se meut le long d'un cercle concentrique, également horizontal, divisé en degrés. Le vernier peut donner la minute.

Pourquoi l'aiguille aimantée est-elle horizontale ?

L'angle dièdre du méridien magnétique et du méridien géographique, qui sont deux plans verticaux, est l'angle de section de ces deux plans par un plan horizontal. L'aiguille est précisément amenée dans ce plan horizontal, ce qui n'altère pas d'ailleurs la valeur de la déclinaison.

Comment se sert-on de la boussole de déclinaison ?

On oriente la lunette dans le méridien géographique, par exemple en visant le centre du soleil quand il est midi. On note la position du zéro du vernier sur le cercle gradué. On vise ensuite l'extrémité de l'aiguille qui pointe vers le nord et l'on note la position du zéro du vernier sur le cercle gradué. L'angle dont on a tourné la lunette est la déclinaison.

Quand est-ce que la déclinaison est occidentale ou orientale ?

Elle est occidentale ou orientale suivant que l'aiguille est à l'ouest ou à l'est du méridien géographique.

Quelle est l'erreur commise dans l'opération précédente ?

On a supposé que l'axe des pôles de l'aiguille coïncidait avec la ligne qui joint l'extrémité de l'aiguille à son axe de rotation, ce qui n'est pas toujours vrai.

Comment se met-on à l'abri de cette erreur?

En retournant l'aiguille sur elle-même et faisant une seconde mesure semblable à la première. On prend pour vraie valeur de la déclinaison la moyenne des deux angles trouvés. C'est la méthode du retournement.

Quels sont les résultats trouvés en cherchant la déclinaison aux différents points de la terre?

Elle varie avec les différents points de la terre, ainsi que l'a constaté Christophe Colomb pour la première fois lors de son voyage de découverte de l'Amérique, en 1492.

Comment varie la déclinaison en un même lieu pendant le cours des années?

A Paris, elle était orientale avant 1663, année où elle devint nulle. Elle devint ensuite occidentale, passa par son maximum en 1814 et diminua de nouveau. Elle décroît de 7 minutes par an. Elle est actuellement d'environ 15 degrés.

Comment varie la déclinaison en un même lieu pendant une journée?

A Paris, l'aiguille reste immobile pendant la nuit et commence à se mouvoir au lever du soleil. Le pôle nord avance un peu vers l'ouest jusqu'au milieu de la journée, puis rétrograde vers l'est jusqu'au coucher du soleil.

Qu'est-ce qu'un orage magnétique?

C'est comme un affolement de l'aiguille aimantée pendant les tremblements de terre, les aurores boréales, le passage des taches du soleil devant la terre.

Décrivez la boussole d'inclinaison.

L'aiguille aimantée peut tourner autour d'un axe horizontal passant par son *centre de gravité*. Elle se meut dans le plan d'un cercle A vertical, gradué en degrés, qui permet de lire l'angle aigu que fait la région nord de l'aiguille avec la ligne horizontale contenue dans le plan du cercle. Le cercle A tourne autour d'un axe vertical. Un second cercle B, horizontal et gradué, a son centre au pied de la verticale qui sert d'axe de rotation au cercle A. Il permet de mesurer l'angle de rotation du cercle A, au moyen d'un vernier concentrique relié par une tige à l'axe de rotation de A.

Comment se sert-on de cette boussole?

Il suffit d'amener le cercle A dans le méridien magnétique et de lire l'angle d'inclinaison.

Comment amène-t-on le cercle dans le méridien magnétique?

On tourne le cercle A jusqu'à ce que l'aiguille soit verticale. On note la position du zéro du vernier sur le cercle B. On tourne A de 90 degrés, ce qui est facile en déplaçant le zéro du vernier de 90 degrés. Le plan de A est alors dans le méridien magnétique.

Quelles sont les erreurs commises?

Il y en a deux : 1° on confond la ligne des pôles de l'aiguille avec la ligne des pointes ; 2° on suppose l'aiguille exactement suspendue par son centre de gravité.

Comment évite-t-on ces erreurs?

En retournant l'aiguille sur elle-même, comme dans la boussole de déclinaison, on rectifie la première cause d'erreur.

Pour rectifier la seconde, on aimante l'aiguille en sens inverse et l'on fait deux nouvelles observations comme dans le premier cas. En tout, cela fait quatre observations dont on prend la moyenne.

Qu'appelle-t-on pôles magnétiques de la terre?

Les régions, voisines des pôles, où l'aiguille aimantée est verticale.

Qu'appelle-t-on équateur magnétique de la terre?

La ligne, voisine de l'équateur, où l'aiguille aimantée reste horizontale.

Décrivez la boussole marine.

C'est une aiguille aimantée, mobile autour d'un axe vertical, collée sur un disque de carton sur lequel on a tracé la rose des vents. Le disque tourne donc en même temps que l'aiguille. La boîte qui contient ce système est suspendue à la Cardan, afin d'éviter les perturbations causées par le mouvement du navire. Le fond de la boîte porte une ligne, dite de foi, qui représente l'axe du navire. Le capitaine indique au pilote l'angle que doit faire la ligne de foi avec l'aiguille aimantée ou avec l'une des branches de la rose des vents, ce que le pilote obtient en faisant tourner le gouvernail.

**Qu'est-ce qui tourne réellement dans la boussole quand on fait tourner le gouvernail?*

La ligne de foi. Le pilote, qui tourne avec la ligne de foi, s'imagine voir tourner l'aiguille aimantée.

**Qu'est-ce qui prouve que l'action de la terre sur l'aiguille aimantée se réduit à un couple?*

Il suffit de prouver que la terre se borne à orienter l'aiguille aimantée sans lui communiquer de mouvement de translation. Or il est facile de constater : 1° qu'une aiguille a le même poids, aimantée ou non ; 2° que, posée sur un bouchon sur l'eau, l'aiguille n'entraîne le bouchon dans aucun sens déterminé.

V. — Piles.

Quelle est la cause de la production de l'électricité dans les piles?

Une action chimique.

Que se passe-t-il quand on fait réagir un métal sur un acide?

Le métal se charge d'électricité négative et l'acide d'électricité positive.

Prouvez-le.

On fait plonger dans de l'eau, acidulée avec de l'acide sulfurique, une lame de zinc et une lame de cuivre. On met le zinc en communication avec le plateau inférieur d'un électroscope condensateur, le cuivre en communication avec le sol, ainsi que le plateau supérieur de l'électroscope. On constate que le plateau inférieur s'est chargé d'électricité négative. Le zinc agit donc comme une source d'électricité négative. En mettant au contraire le cuivre en communication avec le plateau inférieur, on constate qu'il agit comme une source d'électricité positive.

Quel est le rôle de la lame de cuivre ?

Elle sert à conduire l'électricité positive de l'eau acidulée.

Qu'arriverait-il si l'on remplaçait le cuivre par du zinc?

Les deux lames de zinc donneraient naissance à des courants de sens contraires qui se détruiraient mutuellement.

Quel métal faut-il donc choisir pour constituer le pôle positif de la pile?

Un métal non attaquable par l'acide, comme le cuivre vis-à-vis de l'acide sulfurique.

On peut remplacer le cuivre par un corps conducteur quelconque, par exemple le charbon compact des cornues à gaz.

Qu'arrive-t-il si l'on fait communiquer par un fil conducteur le zinc avec le cuivre?

Le fil est traversé par un courant d'électricité qui va du cuivre au zinc (du pôle positif au pôle négatif).

Comment circule le courant dans l'intérieur de la pile?

Du zinc au cuivre (du pôle négatif au pôle positif).

Le zinc pur est-il attaqué par l'acide sulfurique à la température ordinaire ?

Non, tant que le courant n'est pas établi par un fil entre la lame de cuivre et le zinc.

Où se dégage l'hydrogène quand l'attaque a lieu en mettant le cuivre et le zinc en communication ?

Au pôle positif, sur le cuivre.

Que produit ce dégagement d'hydrogène sur la lame de cuivre ?

Il empêche le contact du cuivre avec l'eau acidulée et diminue considérablement l'intensité du courant.

Que dit-on quand le courant est ainsi entravé dans sa marche ?

On dit que la pile est *polarisée.*

Comment dépolarise-t-on la pile ?

En absorbant l'hydrogène avec une substance qu'on nomme le *dépolarisant.*

Pourquoi faut-il amalgamer le zinc du commerce ?

Parce qu'il se comporte comme du zinc pur. Il donne un courant plus intense que le zinc ordinaire et ne se dépense pas presque en pure perte.

Pourquoi le zinc du commerce est-il mauvais ?

Parce qu'il contient des métaux étrangers qui ferment le courant sur lui-même dans l'intérieur de la pile. De là une grande dépense inutile de zinc et d'acide.

Qu'est-ce qu'un élément de pile ?

Un système composé d'un métal, qui est le pôle négatif, et d'un liquide attaquant le métal. Ce liquide est en contact avec un corps conducteur non attaquable, qui est le pôle positif.

Comment peut-on coupler ensemble plusieurs éléments de pile ?

On couple en *tension* ou en *série* quand on fait communiquer le pôle d'un élément avec le pôle de nom contraire de l'élément voisin.

On couple en *quantité* ou en *surface* quand on fait communiquer les pôles positifs ensemble et tous les pôles négatifs ensemble.

Comment sont couplées les bouteilles de Leyde dans la batterie électrique?

En surface. Toutes les armatures intérieures communiquent ensemble, ainsi que toutes les armatures extérieures.

Quel est l'inventeur de la première pile?

Volta.

Donnez la description de la pile de Volta.

Un élément se compose d'un disque de zinc et d'un disque de cuivre, séparés par un disque de drap imbibé d'eau acidulée avec de l'acide sulfurique au dixième. On superpose, toujours dans le même ordre, un grand nombre d'éléments semblables. Les deux extrémités de la colonne verticale sont donc en cuivre, d'un côté, et en zinc, de l'autre. Le cuivre est le pôle positif et le zinc le pôle négatif.

Quel mode de couplage a-t-on employé?

Le couplage en tension ou série, puisque le cuivre d'un élément communique avec le zinc de l'autre, et réciproquement.

Volta pensait-il que le courant était dû à l'action chimique du zinc et de l'acide?

Non, il a cru démontrer que le courant était dû au contact de deux métaux différents. L'acide, d'après lui, assurait seulement la conductibilité électrique du drap.

Comment Volta a-t-il démontré que le contact de deux métaux différents produisait un courant électrique?

Ayant soudé une lame de cuivre au bout d'une lame de zinc, il *tint le zinc entre les doigts* et fit toucher le cuivre au plateau inférieur de son électroscope condensateur. Le plateau supérieur était en communication avec le sol. Or le plateau inférieur se chargea d'électricité *négative*.

Qu'arrivait-il quand il touchait le plateau inférieur avec le zinc?

Il ne se produisait pas de courant.

Pourquoi?

Le zinc touchait deux lames de cuivre à chaque extrémité, ce qui donnait naissance à deux courants de sens contraires qui se neutralisaient.

Toute cette théorie de Volta est-elle vraie?

Non. Le courant, dans sa première expérience, était dû à l'action de la sueur de la main sur le zinc. Le zinc se chargeait négativement et transmettait son électricité au plateau par l'intermédiaire du cuivre. Dans la seconde expérience, il n'y avait pas de courant, puisqu'on tenait le cuivre avec la main et que le cuivre n'est pas attaqué.

Prouvez à priori que l'explication de Volta était fausse.

Si le contact de deux métaux différents pouvait produire un courant, ce serait le mouvement perpétuel. Sans dépense de force, on pourrait créer autant de force qu'on voudrait, ce qui est contraire aux lois naturelles.

Qu'est-ce qui a conduit Volta à ces expériences et à la construction de la pile?

La fameuse expérience de Galvani.

Quelle était l'explication donnée par Galvani du mouvement des cuisses de la grenouille?

Il assimilait un animal à une bouteille de Leyde, le nerf actionnant un muscle étant l'armature intérieure et le muscle étant l'armature extérieure. La communication entre le nerf et son muscle déchargeait donc le condensateur et produisait le mouvement des muscles.

Quel est l'inconvénient de la pile de Volta ?

Le poids des disques comprime le drap et fait sortir l'eau acidulée. La pile s'use vite à cause du peu d'acide employé.

Quelle est la première modification apportée à la pile de Volta ?

La pile à auge, qui est une pile de Volta horizontale. Les deux inconvénients signalés plus haut sont supprimés.

Qu'y a-t-il de nouveau dans la pile de Wollaston ?

Cette fois, on sait que le courant est dû à une action chimique. Le cuivre et le zinc ne sont plus soudés ensemble comme dans la pile de Volta et dans la pile à auge. Chaque élément se compose d'un zinc et d'un cuivre *ne se touchant pas.*

Qu'y a-t-il de nouveau dans la pile de Becquerel (dite de Daniell) ?

Cette fois, on a découvert le phénomène de la polarisation. L'hydrogène qui se porte sur le cuivre est absorbé par une dissolution de sulfate de cuivre :

$$H + CuO,SO^3 = Cu + HO,SO^3.$$

Qu'offre cette pile de très remarquable ?

Elle est d'un courant très constant, car le sulfate de cuivre renouvelle sans cesse l'acide sulfurique qui se combine au zinc. Il faut donc qu'il y ait toujours excès de sulfate de cuivre.

Que devient le cuivre provenant du sulfate de cuivre ?

Il se dépose sur la lame de cuivre qui sert de pôle positif.

Quelles sont les variétés de la pile de Becquerel ?

La pile de Grove (dite de Bunsen), où le dépolarisant

est de l'acide azotique, ce qui a nécessité le remplacement du cuivre par du charbon des cornues ; la pile de Poggendorff (dite au bichromate de potasse), où le dépolarisant est du bichromate de potasse.

Quel est l'inconvénient de la pile de Bunsen ?

Elle donne de l'acide hypoazotique :

$$H + AzO^5, HO = AzO^4 + 2HO.$$

Celle au bichromate n'a pas cet inconvénient.

Les piles de Bunsen et au bichromate sont-elles constantes ?

Non, mais elles donnent des courants plus intenses que la pile de Daniell..

Qu'y a-t-il de nouveau dans la pile Leclanché ?

Le zinc est attaqué, non plus par un acide, mais par un alcali, le chlorhydrate d'ammoniaque ou la soude caustique. Le dépolarisant est le bioxyde de manganèse ou l'oxyde de cuivre.

Quel grand avantage présente la pile Leclanché ?

Le zinc ne s'use que lorsque le courant est fermé ; l'usure est nulle à circuit ouvert. Cette pile, qui se polarise vite, est excellente pour les courants intermittents (sonnerie électrique, télégraphes et téléphones).

VI. — Effets chimiques des courants. — Galvanoplastie et électro-chimie.

Quelle est la loi de la décomposition, par un courant, d'un composé binaire ?

L'un des corps simples, nommé *électro-négatif*, se porte à l'électrode positive ; l'autre corps simple, nommé *électro-positif*, se porte à l'électrode négative.

Citez des exemples.

Décomposition de l'eau dans le voltamètre par Carlysle et Nicholson, en 1800 ; décomposition de la potasse par Davy.

Où se rend l'hydrogène dans le voltamètre ?

A l'électrode négative. Dans la pile, au contraire, l'hydrogène se rend au pôle positif. Tout se passe donc comme si le courant entraînait l'hydrogène avec lui et repoussait l'oxygène.

Le volume de l'hydrogène est-il exactement le double de celui de l'oxygène ?

Il est un peu plus grand, car une faible partie de l'oxygène est à l'état d'ozone. Or l'ozone est de l'oxygène condensé.

Peut-on rendre le volume de l'hydrogène exactement le double de celui de l'oxygène ?

Oui, en opérant sur de l'eau chaude, de manière à empêcher la formation d'ozone.

Pourquoi ajouter de l'acide sulfurique à l'eau ?

Pour rendre l'eau conductrice de l'électricité.

Quels sont les corps les plus électro-négatifs ?

Les métalloïdes et *surtout* l'oxygène.

Quels sont les corps les plus électro-positifs ?

Les métaux.

Un corps est-il toujours électro-positif ou électro-négatif ?

Non ; l'un joue le rôle d'électro-positif par rapport à l'autre. C'est comme les expressions chaud et froid, acide et base. Un métalloïde est toujours électro-négatif vis-à-vis d'un métal.

Quelle est la loi de la décomposition, par un courant, d'un sel oxygéné ?

Le métal se rend à l'électrode négative et le reste va à l'électrode positive.

Citez un exemple.

Le sulfate de cuivre CuO,SO^3 se décompose en cuivre qui se rend à l'électrode négative, et en $SO^3 + O$ qui va à l'électrode positive.

Ces lois simples sont-elles parfois masquées par des réactions secondaires?

Oui. Les corps isolés peuvent réagir sur le dissolvant ou sur les électrodes.

Citez un exemple qui prouve le premier cas.

Dans la décomposition du sulfate de potasse, le potassium se rend à l'électrode négative. Là, il réagit sur l'eau et donne de la potasse et de l'hydrogène :

$$K + 2HO = KO,HO + H.$$

Citez un exemple du second cas.

Si l'on décompose le sulfate de cuivre avec des électrodes de cuivre, $O + SO^3$ qui se rend à l'électrode positive reforme CuO,SO^3.

Quel nom donne-t-on à une électrode ainsi attaquée?

On dit qu'elle est *soluble*. Elle semble en effet se dissoudre.

———

Qu'arrive-t-il si l'on réunit par un fil les deux électrodes d'un voltamètre contenant les produits de la décomposition de l'eau par un courant?

Le fil est traversé par un courant de sens contraire à celui qui a décomposé primitivement l'eau dans le voltamètre. Le voltamètre remplit donc à son tour le rôle d'une pile. L'oxygène et l'hydrogène se recombinent pour former de nouveau de l'eau.

Y a-t-il là une loi générale?

Oui. Quand un courant a décomposé un corps en deux parties, ces deux parties tendent à se recombiner pour reformer le corps primitif et donnent naissance à un courant inverse du premier.

Quel nom donne-t-on à la nouvelle pile ainsi formée ?

Pile secondaire ou accumulateur.

Ne se forme-t-il pas une pile secondaire dans la pile de Volta ?

Si. L'hydrogène, qui se porte à la lame de cuivre, tend à se recombiner avec le sulfate de zinc qui se porte sur le zinc, pour former une combinaison inverse de la première. De là naît un courant inverse de celui de la pile qui tend à le neutraliser. C'est l'une des causes de la polarisation de la pile.

Décrivez l'accumulateur Planté.

On fait communiquer les deux pôles d'une pile avec deux lames de plomb oxydé à la surface, plongées dans de l'eau acidulée avec de l'acide sulfurique. L'eau est décomposée. L'hydrogène se rend à la lame qui sert d'électrode négative et réduit l'oxyde en donnant du plomb pulvérulent. L'oxygène se rend à la lame qui sert d'électrode positive et suroxyde l'oxyde de plomb. Les deux lames donnent alors naissance à un courant secondaire, inverse du courant primitif, dû à la reconstitution de l'oxyde de plomb primitif. Les véritables réactions sont encore peu connues ; l'hydrogène, qui se condense sur l'électrode négative, agit aussi pour réduire le plomb suroxydé.

Quelles sont les applications des accumulateurs Planté ?

On les charge avec des piles ou des machines dynamos, jusqu'à ce que l'hydrogène bouillonne dans le liquide. On transporte ensuite les accumulateurs à domicile pour l'éclairage électrique ou leur utilisation comme force motrice.

Quel est le but de la galvanoplastie ?

Reproduire un objet quelconque : une œuvre artistique, une plaque de cuivre où de bois gravée.

Quelle est la première opération à exécuter ?

Mouler l'objet à reproduire avec de la gutta-percha.

On ramollit la gutta dans l'eau chaude et on la comprime contre l'objet, jusqu'à ce qu'elle durcisse par le refroidissement.

Que faut-il faire ensuite?

On la métallise avec de la plombagine qui rend la surface du moule conductrice de l'électricité.

Que reste-t-il enfin à faire?

On réunit le moule par un fil de cuivre avec le pôle négatif d'une pile à courant constant (pile Daniell, pile thermo-électrique ou machine dynamo), et on le plonge dans un bain spécial. Une lame de cuivre, réunie par un fil au pôle positif de la pile, plonge aussi dans le bain.

Quelle est la composition du bain?

C'est un mélange d'eau, de sulfate de cuivre et d'acide sulfurique. On y ajoute un peu de gélatine.

Quelle est la théorie des phénomènes qui se produisent dans la galvanoplastie?

Le courant décompose CuO,SO^3. Le cuivre se porte sur le moule et le recouvre ; SO^3+O se porte sur la lame de cuivre et il se reconstitue CuO,SO^2.

Quels sont les inventeurs de la galvanoplastie?

Jacobi, en 1838, à Saint-Pétersbourg et Spencer en Angleterre.

Dans le cas où l'on se sert de la pile de Daniell, ne peut-on pas employer un autre mode d'expérimentation?

Si ; au lieu d'utiliser le courant du circuit extérieur pour décomposer le sulfate de cuivre, on peut utiliser le courant intérieur de la pile elle-même. Il suffit de suspendre le moule au pôle positif de la pile, composée d'un seul élément. On établit d'ailleurs le courant extérieur en réunissant par un fil les deux pôles de la pile. Il faut avoir soin de renouveler le sulfate de cuivre qui entoure le moule, car ce sel n'est plus régénéré au moyen d'une plaque de cuivre, comme dans la première méthode.

Quel est le but de l'électro-chimie?

Recouvrir un corps métallique d'une couche mince d'un autre métal qui adhère fortement.

Comment opère-t-on?

Comme dans la galvanoplastie. Au lieu d'un bain acide, il faut seulement employer un bain alcalin.

Quelle est la composition du bain quand on veut argenter ou dorer la surface métallique?

C'est une dissolution de cyanure d'argent ou de cyanure d'or dans une dissolution de cyanure de potassium.

Donnez la description de l'appareil.

Le corps métallique, bien dégraissé et bien décapé, est réuni par un fil au pôle négatif d'une pile et plongé dans le bain. Le pôle positif de la pile est réuni par un fil avec une lame d'argent ou d'or qui plonge dans le bain. Cette lame, comme dans la galvanoplastie, a pour but de régénérer le cyanure d'argent ou d'or.

Quelles sont les principales applications de l'électro-chimie?

Argenture et dorure des pièces d'orfèvrerie, nickelure du fer pour le préserver de la rouille, cuivrage des objets en fonte (candélabres, statues, fontaines, etc.).

Quels sont les inventeurs de l'électro-chimie?

De la Rive et Ruolz en France, Elkington en Angleterre.

VII. — Expérience d'OErsted. — Galvanomètre.

Quelle est l'expérience d'OErsted?

Ayant placé un fil de cuivre au-dessus ou au-dessous d'une aiguille aimantée, parallèlement à cette aiguille et dans le méridien magnétique, il vit l'aiguille dévier de sa position d'équilibre aussitôt que le fil était traversé par un courant.

Cette expérience était-elle remarquable au moment où elle a été faite?

Oui, car elle montrait, pour la première fois, la relation entre les courants électriques et le magnétisme.

Quel est celui qui a étudié l'expérience d'Œrsted dans tous les cas et donné la loi générale de l'action d'un courant sur une aiguille aimantée?

Ampère.

Quelle est la loi d'Ampère?

Le *courant* fait dévier le pôle nord ou austral de l'aiguille aimantée vers sa gauche.

Qu'appelez-vous courant?

Un personnage couché le long du fil, de telle sorte que le courant lui entre par les pieds, et qui regarde le pôle nord de l'aiguille.

Qu'est-ce qu'un rhéomètre ou galvanomètre?

Un instrument destiné à mesurer l'intensité d'un courant.

Qu'appelle-t-on intensité d'un courant?

La quantité d'électricité qui passe pendant une seconde par une section du conducteur.

Peut-on mesurer l'intensité d'un courant avec le voltamètre?

Oui, en mesurant le volume d'hydrogène dégagé dans le voltamètre pendant une seconde.

Qu'est-ce que la boussole des tangentes?

C'est une aiguille aimantée, placée au centre d'un circuit circulaire en forme de multiplicateur. Le plan du circuit est dans le méridien magnétique de l'aiguille. De plus, l'aiguille est de petite dimension par rapport au diamètre du circuit. L'aiguille oscille devant un cercle gradué horizontal qui permet de mesurer les angles de déviation. Le zéro de la graduation est placé en coïncidence avec la pointe nord de l'aiguille aimantée quand le circuit n'est traversé par aucun courant. L'appareil est d'ailleurs construit de telle sorte que le circuit se trouve alors dans le méridien magnétique.

Qu'arrive-t-il quand on fait passer un courant dans le circuit ?

L'aiguille aimantée dévie et fait un angle α avec le méridien magnétique. Or l'intensité du courant est proportionnelle à tang α.

Cet instrument donne-t-il aussi la direction du courant ?

Oui, car cette direction, d'après la loi d'Ampère, dépend du sens de la déviation de l'aiguille. Le pôle nord de l'aiguille tourne à la gauche du courant. Il est donc facile de déduire le sens du courant du sens de la rotation de l'aiguille.

Toutes les parties du circuit agissent-elles dans le même sens sur l'aiguille aimantée?

Oui. La personne qui représente le courant, tournant autour du circuit, voit toujours le pôle nord de l'aiguille du même côté, soit à droite, soit à gauche.

** Comment démontre-t-on que l'intensité du courant est proportionnelle à tang α?*

On intercale dans le même courant un voltamètre et une boussole des tangentes. On mesure le volume V d'hydrogène dégagé pendant un temps t dans le voltamètre et l'angle de déviation α. On répète la même expérience, mais en faisant varier l'intensité du courant. On trouve cette fois un volume V' d'hydrogène dégagé pendant le même temps t et un angle de déviation α' : or l'expérience montre que

$$\frac{V}{V'} = \frac{\operatorname{tg}\alpha}{\operatorname{tg}\alpha'}.$$

Quel est le meilleur instrument pour mesurer l'intensité d'un courant : le voltamètre ou la boussole des tangentes?

La boussole des tangentes, car la mesure se fait de suite, ce qui permet de mesurer des variations rapides de l'intensité du courant. De plus, la boussole est beaucoup plus sensible que le voltamètre. Elle permet de mesurer des intensités très faibles, ce que ne ferait pas le voltamètre.

Peut-on augmenter beaucoup la sensibilité de la boussole des tangentes?

Oui : c'est ce qu'a fait Nobili.

Pourquoi la boussole des tangentes est-elle peu sensible?

Parce que l'aiguille aimantée est placée trop loin du circuit; puis, parce que le courant doit lutter avec l'attraction de la terre sur l'aiguille. Il y a avantage à augmenter autant que possible l'aimantation de l'aiguille pour que le courant ait plus d'action sur elle; mais alors l'action terrestre augmente aussi et les faibles courants deviennent incapables de faire dévier l'aiguille.

Comment Nobili a-t-il remédié à ces inconvénients?

En entourant d'abord l'aiguille aimantée aussi étroitement que possible avec le multiplicateur, puis en se servant d'un système astatique.

Qu'est-ce qu'un système astatique?

Ce sont deux aiguilles aimantées, parallèles, soudées l'une à l'autre par un axe en cuivre, mais dont les pôles sont placés en sens contraires.

Quelle est l'action de la terre sur un système astatique?

Nulle, si les deux aiguilles sont exactement autant aimantées l'une que l'autre. Elle est faible, si l'une des aiguilles est un peu plus aimantée que l'autre, comme cela a lieu dans le galvanomètre de Nobili.

Quel est l'avantage de l'emploi de ce système astatique?

On peut augmenter considérablement l'aimantation des aiguilles et cependant l'action de la terre sur le système reste très faible. L'action du courant reste donc prépondérante.

Décrivez le galvanomètre de Nobili.

L'aiguille inférieure, qui est la plus aimantée, est à l'intérieur du multiplicateur. L'aiguille supérieure, placée au-dessus du multiplicateur, oscille devant un cercle gradué qui détermine l'angle de déviation α. On place le zéro en face de la pointe nord de l'aiguille. L'instrument est construit de telle façon que le plan du multiplicateur est alors dans le méridien magnétique des aiguilles.

Toutes les portions du multiplicateur agissent-elles dans le même sens sur l'aiguille inférieure?

Oui, pour la même raison que dans la boussole des tangentes.

Toutes les portions du multiplicateur agissent-elles dans le même sens sur l'aiguille supérieure?

Non, mais l'action de la portion du multiplicateur la plus voisine de l'aiguille est prépondérante. Or cette action tend à faire tourner l'aiguille supérieure dans le même sens que l'aiguille inférieure.

Dans le galvanomètre de Nobili, l'intensité du courant est-elle encore proportionnelle à tg α?

Non. Si α ne dépasse pas environ 20°, l'intensité du courant est proportionnelle à α. La proportionnalité cesse pour des angles supérieurs à 20°.

Comment mesure-t-on alors l'intensité du courant quand l'angle de déviation est supérieur à 20°?

On se sert d'un galvanomètre dont le multiplicateur est composé de deux fils distincts. On fait passer dans le premier fil un courant d'intensité α qui donne un angle de déviation α inférieur à 20°. On fait passer dans le second fil seul un courant d'intensité α' qui donne un angle de déviation α' inférieur à 20°. On fait passer les deux courants ensemble. La somme de leurs intensités est donc $\alpha + \alpha'$. Or soit β l'angle de déviation. On en déduit donc que l'angle de déviation β, supérieur à 20°, correspond à une intensité $\alpha + \alpha'$. En répétant un grand nombre de fois cette même opération, on dresse une table de graduation du galvanomètre.

VIII. — Énoncé des lois fondamentales des courants. — Unités pratiques d'intensité, de résistance et de force électro-motrice.

** Énoncez les lois de Faraday.*

1° Le volume d'hydrogène, dégagé pendant un certain temps dans le voltamètre, est égal au volume d'hydrogène dégagé pendant le même temps dans chacun des éléments de la pile.

2° Quand on fait passer un même courant dans une suite de voltamètres placés les uns à la suite des autres, le volume d'hydrogène dégagé dans chaque voltamètre est le même. De plus, le volume d'hydrogène dégagé dans chaque voltamètre est égal au volume d'hydrogène dégagé dans chacun des éléments de la pile.

3° Quand on fait passer un même courant dans une suite de voltamètres placés les uns à la suite des autres, et contenant des dissolutions de sels métalliques différents, les poids des métaux déposés sur les électrodes négatives sont respectivement proportionnels aux équivalents chimiques de ces métaux.

Quelle est la signification des deux premières lois de Faraday?

L'intensité d'un courant est la même dans chacune des parties de ce courant, aussi bien à l'intérieur des éléments de la pile que dans le conducteur extérieur.

Connaissez-vous un phénomène analogue en hydraulique?

La quantité d'eau, qui passe pendant une seconde dans les différentes sections d'un courant d'eau fermé, est partout la même (1). Plus la section devient étroite, plus la vitesse de l'eau augmente, mais le débit reste toujours le même (débit est ici l'analogue d'intensité).

Que signifie la troisième loi de Faraday?

Il faut la même quantité d'électricité pour mettre en liberté les poids équivalents des corps simples.

Peut-on facilement déterminer l'équivalent d'un métal au moyen de cette troisième loi?

Oui. On décompose simultanément avec un même courant, dans deux voltamètres, de l'eau et un sel du métal. Soient P le poids du métal déposé, P' celui de l'hydrogène dégagé, E l'équivalent du métal. On a :

$$\frac{P}{P'} = \frac{E}{1}.$$

Qu'arrive-t-il quand on intercale dans un courant un fil conducteur?

L'intensité du courant diminue, ce qu'il est facile de constater au moyen d'un galvanomètre intercalé dans le circuit.

---

(1) Comme exemple d'un courant d'eau fermé, on peut citer le moulin à papier. La force motrice est ici la rotation d'un cylindre. De même, en électricité, la cause qui produit le courant dans la pile se nomme *force électro-motrice*.

* *Comment interprète-t-on ce résultat?*

On dit que le fil a offert une résistance au passage du courant, ce qui a diminué son intensité.

* *Quelle est la valeur de la résistance d'un fil?*

On a : $r = \dfrac{kl}{s}$, r étant la résistance du fil, l sa longueur, s sa section et k une constante, nommée *coefficient de résistance*, qui dépend de la nature du fil.

* *Énoncez les lois contenues dans cette formule.*

La résistance d'un fil est proportionnelle à la longueur et au coefficient de résistance, et inversement proportionnelle à la section.

* *Comment vérifie-t-on que la résistance est proportionnelle à la longueur et inversement proportionnelle à la section?*

On intercale successivement dans un même courant deux fils conducteurs de même nature, l'un de longueur l et de section s, l'autre de longueur l' et de section s'. L'expérience montre que l'intensité du courant reste la même dans chaque cas si l'on a la relation

$$\frac{l}{s} = \frac{l'}{s'}.$$

* *Comment vérifie-t-on que la résistance est proportionnelle au coefficient de résistance?*

On intercale successivement dans un même courant deux fils conducteurs de natures différentes, mais de mêmes sections. L'expérience montre que, pour obtenir dans chaque cas un courant de même intensité, il faut mettre des fils de longueurs l et l' qui sont dans un rapport constant $\dfrac{k'}{k}$.

Quelle est l'unité pratique de résistance?

Le ohm. C'est la résistance à 0° d'une colonne de mercure ayant 1 millimètre carré de section et une longueur de 106 centimètres.

Quelle est la signification du coefficient de résistance?

On a : $r = \dfrac{kl}{s}$.

Si $l = 1$ mètre et $s = 1$ millimètre carré, on a : $r = k$. Le coefficient de résistance représente donc la résistance, évaluée en ohms, d'un fil d'une longueur de 1 mètre et d'une section de 1 millimètre carré.

Comment peut-on déterminer le coefficient de résistance d'une substance?

On intercale un fil de la substance dans un courant constant, de longueur l et de section s; on mesure l'intensité du courant. On intercale ensuite une colonne de mercure, de section égale à 1 millimètre carré, et l'ón cherche par expérience quelle longueur l' (évaluée en centimètres) il faut lui donner pour que l'intensité du courant reste la même que dans le premier cas. La résistance du premier fil est $\dfrac{kl}{s}$; celle du second est $\dfrac{l'}{100}$. On a donc :

$$\frac{kl}{s} = \frac{l'}{100},$$

d'où l'on déduit la valeur de k.

Quels sont les corps qui offrent le moins de résistance?

Les métaux, et surtout l'argent et le cuivre.

Quels sont les corps conducteurs qui offrent le plus de résistance?

Le charbon des cornues et surtout les liquides employés dans les piles.

** Comment peut-on déterminer la résistance intérieure d'un élément de pile?*

Formons une pile en plongeant dans de l'eau acidulée une lame de zinc amalgamée et une lame de platine. Mettons les deux lames à une distance de 20 centimètres, et mesurons, avec un galvanomètre intercalé dans un circuit extérieur, l'intensité du courant. Mettons ensuite les deux lames à une distance de 10 centimètres. L'intensité du courant augmente, mais on peut la ramener à sa valeur primitive en intercalant dans le circuit extérieur un fil de résistance r. La résistance d'une couche liquide de 10 centimètres d'épaisseur dans l'intérieur de la pile est donc r.

———

** Comment varie l'intensité i d'un courant avec la résistance intérieure R d'une pile et la résistance r du circuit extérieur?*

L'intensité est inversement proportionnelle à la somme de la résistance intérieure de la pile et de la résistance extérieure du conducteur.

** Comment le démontre-t-on expérimentalement?*

Ohm employait un élément de pile formé d'une lame de zinc et d'une lame de platine, dont il mesurait la résistance intérieure suivant la méthode indiquée précédemment. Il faisait varier R et r et constatait que l'intensité correspondante était en raison inverse de R + r.

** Quelle relation existe-t-il donc entre l'intensité d'une pile et la somme des résistances intérieure et extérieure?*

On a :

$$i(R + r) = E.$$

E est une constante, caractéristique de la pile, qu'on nomme *force électro-motrice.*

Quelles sont les lois de Ohm ?

La relation précédente s'écrit :

$$i = \frac{E}{R + r}.$$

L'intensité du courant d'une pile est donc proportionnelle à la force électro-motrice et inversement proportionnelle à la somme des résistances intérieure et extérieure.

Quel nom donne-t-on aux quantités E et R ?

On les appelle les constantes de la pile.

Comment varie le potentiel du courant dans le circuit extérieur d'une pile ?

Il diminue depuis le pôle positif jusqu'au pôle négatif. On s'en assure en mettant successivement les différents points du circuit en communication avec un électromètre de Thomson.

Quelle est l'intensité du courant dans un fil de résistance r et dont la différence de potentiel aux deux extrémités est V ?

On a :

$$i = \frac{V}{r}.$$

Que représente donc la force électro-motrice d'une pile ?

La différence de potentiel de chaque côté de la lame de zinc.

Quelle est l'intensité du courant quand les éléments de pile sont couplés en tension (pôles de noms contraires réunis deux à deux) ?

Soit n le nombre des éléments semblables, chacun d'eux ayant même force électro-motrice E et même résistance intérieure R ; soit r la résistance extérieure du circuit.

On a :

$$i = \frac{nE}{nR + r}.$$

** Prouvez-le.*

La résistance totale est $nR + r$; chaque élément donne une intensité de courant $\frac{E}{nR + r}$.

La somme des intensités partielles est donc $\frac{nE}{nR + r}$.

** Quelle est l'intensité du courant quand les éléments de pile sont couplés en surface (pôles de même nom réunis ensemble)?*

On a :

$$i = \frac{nE}{R + nr}.$$

** Prouvez-le.*

Tout se passe comme s'il n'y avait plus qu'un seul élément, de force électro-motrice E et de résistance intérieure $\frac{R}{n}$, puisque la résistance est inversement proportionnelle à la section des conducteurs.

On a donc :

$$i' = \frac{E}{\frac{R}{n} + r} = \frac{nE}{R + nr}.$$

** Quel mode de couplage faut-il préférer?*

Si R est négligeable par rapport à r, on a :

$$i = \frac{nE}{r} \quad \text{et} \quad i' = \frac{E}{r}.$$

On voit qu'il faut préférer le couplage en tension, car i est plus grand que i'.

Si r est négligeable par rapport à R, on a :

$$i = \frac{E}{R} \quad \text{et} \quad i' = \frac{nE}{R}.$$

On voit qu'il faut préférer le couplage en surface, car i' est plus grand que i.

Quelle est l'intensité du courant quand on couple en surface n groupes, composés chacun de p éléments couplés en série ?

Chaque groupe a une force électro-motrice pE et une résistance pR. La formule du couplage en surface donne donc :

$$i = \frac{npE}{pR + nr} = \frac{E}{\dfrac{R}{n} + \dfrac{r}{p}}.$$

Que faut-il pour que i soit maximum ?

$\dfrac{R}{n} + \dfrac{r}{p}$ doit être minimum. Or le produit $\dfrac{Rr}{np}$ étant constant, il faut que $\dfrac{R}{n} = \dfrac{r}{p}$, d'où l'on tire $r = \dfrac{pR}{n}$.

Or $\dfrac{pR}{n}$ est la résistance intérieure de la pile. Le courant est donc maximum quand la résistance intérieure de la pile est égale à la résistance extérieure.

Quelle est l'unité pratique de force électro-motrice et de potentiel ?

Le volt. C'est sensiblement la force électro-motrice d'un élément Daniell.

La force électro-motrice d'un élément varie-t-elle avec les dimensions de l'élément ?

Non, elle ne dépend que des substances qui composent l'élément.

Quelle est l'unité pratique d'intensité?

L'ampère. D'après la formule de Ohm : $i = \dfrac{E}{R + r}$, l'ampère est l'intensité du courant fourni par une pile dont la force électro-motrice est 1 volt et la résistance totale 1 ohm.

Quelle est la quantité d'hydrogène dégagée pendant une seconde dans un voltamètre traversé par un courant dont l'intensité est 1 ampère?

C'est 117 millimètres cubes, mesurés à 0° et à la pression 760 millimètres.

Comment mesure-t-on l'intensité d'un courant en ampères?

En divisant par 117 le nombre de millimètres cubes d'hydrogène mis en liberté pendant une seconde dans un voltamètre. Le gaz sera mesuré à 0° et à la pression 760 millimètres. Le galvanomètre sera gradué par comparaison.

Comment mesure-t-on la résistance intérieure d'une pile?

On mesure l'intensité i du courant fourni par la pile avec une résistance extérieure connue r; on a :

$$i = \frac{E}{R + r}.$$

On mesure l'intensité i' du courant avec une résistance connue r'; on a:

$$i' = \frac{E}{R + r'}.$$

Donc,

$$\frac{i}{i'} = \frac{R + r'}{R + r},$$

d'où l'on déduit R.

Comment mesure-t-on la force électro-motrice d'une pile?

On compare sa force électro-motrice à celle d'une autre pile, par exemple à celle de Daniell. On mesure l'intensité i du courant fourni par la pile; on a :

$$i = \frac{E}{R + r}.$$

On mesure ensuite l'intensité i' du courant fourni par la pile étalon; on a :

$$i' = \frac{E'}{R' + r'}.$$

Or, si l'on a choisi les résistances telles que

$$R + r = R' + r',$$

on a :

$$\frac{i}{i'} = \frac{E}{E'},$$

d'où l'on déduit E, connaissant E'.

Comment faut-il choisir le fil d'un galvanomètre pour obtenir un effet maximum?

La résistance du fil du galvanomètre doit être égale à la résistance du reste du circuit. Donc il faut un fil gros et court quand le circuit est peu résistant, un fil fin et long quand le circuit est très résistant.

IX. — Actions des courants sur les courants et sur les aimants. — Solénoïdes.

Énoncez les lois d'Ampère relatives aux actions des courants sur les courants.

1° Deux courants parallèles et de même sens s'attirent; deux courants parallèles et de sens contraires se repoussent.

2° Deux courants angulaires s'attirent quand ils s'approchent ou s'éloignent en même temps du pied de leur perpendiculaire commune, ou du sommet de l'angle quand ils sont dans un même plan; ils se repoussent quand l'un s'approche et que l'autre s'éloigne.

3° Un courant sinueux agit comme un courant rectiligne, commençant et finissant aux mêmes points, à la condition que les sinuosités soient faibles par rapport à la distance à laquelle l'action a lieu.

Quelle est l'action d'un courant sur lui-même?

Les portions consécutives d'un même courant se repoussent. C'est la conséquence de la deuxième loi d'Ampère.

Quelle est l'action d'un courant rectiligne indéfini sur un courant circulaire, mobile autour d'un axe vertical (le courant rectiligne est horizontal et placé au-dessous du courant circulaire)?

Le courant circulaire se met dans un plan vertical, parallèle au courant rectiligne. De plus, le sens du courant, dans la partie du courant circulaire la plus rapprochée du courant horizontal, sera le même que dans ce dernier.

Quelle est l'action de la terre sur un courant circulaire, mobile autour d'un axe vertical?

Elle est celle d'un courant horizontal indéfini, allant de l'est à l'ouest.

Quel sera donc le sens de rotation du courant circulaire en équilibre, pour une personne regardant le nord de la terre et ayant le courant circulaire devant elle?

Le courant circulaire, à la partie inférieure, la plus voisine du sol, va aussi de l'est à l'ouest. Le sens du courant est donc celui des aiguilles d'une montre (sens direct).

Quel sera le sens de rotation du courant circulaire en

équilibre, pour une personne regardant le sud de la terre et ayant le courant circulaire devant elle?

Il sera en sens inverse de celui du mouvement des aiguilles d'une montre (sens inverse).

Qu'est-ce qu'un solénoïde?

Un ensemble de courants circulaires parallèles. Les centres des cercles sont situés sur un même axe. Tous les courants ont la même direction.

Quelle est la construction pratique d'un solénoïde?

Une hélice. On démontre, en effet, que l'hélice agit comme un solénoïde, augmenté d'un courant rectiligne, de même direction que celui de l'hélice et ayant la longueur de l'axe de l'hélice. Or l'action de ce courant rectiligne est détruite par celle du courant qui traverse en sens contraire les fils réunissant les extrémités de l'hélice à l'axe de rotation du système.

Quelle est l'action du courant terrestre sur un solénoïde?

Chaque courant circulaire étant parallèle au courant terrestre qui va de l'est à l'ouest, l'ensemble des courants constitue un système dirigé comme l'aiguille aimantée du nord au sud.

Peut-on déterminer à priori quelle extrémité du solénoïde se dirigera vers le nord?

Oui. En plaçant le solénoïde devant soi, on aura un pôle nord si le sens du courant est inverse, un pôle sud si le sens du courant est direct.

Pourquoi?

Cela résulte de l'action du courant terrestre sur chacun des éléments du solénoïde, comme nous l'avons établi plus haut.

Pourquoi les pôles de même nom d'un solénoïde se repoussent-ils?

Parce que les courants mis en présence sont de sens contraires.

Pourquoi les pôles de noms contraires d'un solénoïde s'attirent-ils ?

Parce que les courants mis en présence sont de même sens.

Par quelle série d'hypothèses et de raisonnements Ampère a-t-il pu assimiler un aimant à un solénoïde ?

1° Chaque atome de fer est un solénoïde sphérique, c'est-à-dire parcouru par des courants parallèles (la terre est d'ailleurs un solénoïde sphérique, parce qu'en chaque point il existe un courant allant de l'est à l'ouest).

2° Dans le fer non aimanté, les atomes ne sont pas orientés et les actions des courants se neutralisent réciproquement.

3° L'aimantation a pour effet de rendre tous les courants parallèles.

4° L'action d'un atome central est détruite par les actions des atomes voisins.

5° L'action d'un atome superficiel se réduit à l'action de la portion superficielle du courant, les autres portions ayant leurs actions détruites par les courants voisins.

6° Dans une section droite du barreau aimanté, l'ensemble des actions superficielles se réduit à un courant circulaire.

7° L'ensemble des sections droites du barreau constitue un solénoïde.

Quelle est la loi de l'action d'un courant rectiligne indéfini sur un aimant ?

1° Chaque pôle de l'aimant est soumis à une force perpendiculaire au plan qui passe par ce pôle et par le courant.

2° L'intensité de cette force est en raison inverse de la distance du pôle au courant.

3° La direction de cette force est donnée par la loi

15.

d'Ampère (le pôle tend à tourner à la gauche du courant si c'est un pôle nord, à sa droite si c'est un pôle sud).

Par qui a été énoncée cette loi?

Par Laplace, d'après les expériences de Biot et Savart.

Quelle est l'action d'un aimant sur un courant?

C'est la réaction, c'est-à-dire une action en sens contraire, de l'action du courant sur l'aimant. L'action d'un pôle magnétique sur un courant est donc une force perpendiculaire au plan qui passe par le pôle et le courant, dirigée vers la droite du courant, si le pôle magnétique est nord, vers la gauche si le pôle est sud.

L'action d'un courant sur un aimant, d'un aimant sur un courant, de la terre sur les aimants, ne peut-elle pas se réduire à l'action d'un courant sur un courant?

Si, puisqu'un aimant peut être considéré comme un solénoïde, ainsi que la terre.

Quelle est la direction des courants particulaires d'un aimant (des courants des atomes)?

Si l'on regarde un pôle nord, les courants particulaires sont inverses. Ils sont directs si l'on regarde un pôle sud. Cela résulte de leur assimilation avec les solénoïdes.

X. — Aimantation par les courants. Télégraphes.

Quelle est l'expérience d'Arago?

Un courant, placé perpendiculairement à un barreau de fer doux ou d'acier, y développe de l'aimantation. Il se forme un pôle nord à la gauche du courant, un pôle sud à la droite, conformément à la règle d'Ampère. L'aimantation cesse dans le fer doux en même temps que le courant; elle persiste dans l'acier.

Comment accroît-on l'intensité de l'aimantation?

En enroulant, *toujours dans le même sens*, un fil traversé par le courant autour du barreau à aimanter.

Quel est le sens des courants particulaires de l'aimant?

Le sens même du courant de l'hélice qui aimante. On aura donc un pôle nord si l'on regarde la partie de l'hélice où le sens du courant est inverse, un pôle sud si le sens du courant est direct.

Dans un électro-aimant, y aura-t-il donc à distinguer l'action du courant de l'hélice de l'action de l'aimant lui-même?

Non, les deux actions s'ajoutent dans le même sens. Un électro-aimant agit comme deux solénoïdes emboîtés l'un dans l'autre.

Comment faut-il enrouler les fils sur un électro-aimant en forme de fer à cheval?

Les fils doivent être enroulés en sens inverses sur les deux bobines. Il en résulte que le sens du courant reste le même sur les deux branches.

Qu'arrive-t-il si l'on change le sens du courant en un point d'un électro-aimant, en changeant le sens de l'enroulement du fil?

Il se développe en ce point un pôle conséquent.

* *Comment faut-il construire un électro-aimant pour obtenir l'effet maximum?*

La résistance des fils des bobines doit être égale à la résistance totale du circuit. Le fil doit donc être gros et court, long et fin, suivant les circonstances.

Peut-on aimanter une barre de fer doux avec la terre?

Oui, il suffit de la placer dans un plan perpendiculaire au courant terrestre, c'est-à-dire précisément dans le méridien magnétique. L'effet maximum sera obtenu quand la barre de fer sera parallèle à l'aiguille aimantée, librement suspendue en ce lieu par son centre de gravité. Il se développe dans la barre un pôle nord à la partie inférieure, et un pôle sud à la partie supérieure, absolument comme dans un aimant.

Comment aimante-t-on fortement une barre d'acier au moyen de la terre?

En la plaçant dans la position indiquée plus haut et en la frappant violemment. Le choc facilite l'orientation des atomes de fer.

Que résulte-t-il de l'action de la terre sur les barres de fer verticales?

Elles sont toutes aimantées (tiges des fenêtres, tuyaux de poêles, etc.).

Comment le prouve-t-on?

En promenant une petite aiguille aimantée le long de la tige et constatant les attractions et les répulsions aux différents points de cette tige.

Quels sont les inventeurs du télégraphe électrique?

Schelling et Morse.

Quel est le principe de l'appareil de Schelling, perfectionné par Wheatstone?

On fait dévier à droite ou à gauche, en changeant le sens du courant, l'aiguille d'un galvanomètre, ce qui permet d'établir un système de signaux alphabétiques.

Se sert-on encore de cet appareil?

Oui, dans les transmissions par longs câbles électriques.

Quel est le principe de l'appareil de Morse?

Une pile, placée au poste de départ, actionne un électro-aimant placé au poste d'arrivée. Par des successions de fermetures et de ruptures du courant, on imprime un mouvement de va-et-vient à un morceau de fer doux placé sous l'électro-aimant. De là un système de signaux alphabétiques.

Faut-il employer deux fils pour relier les deux postes?

Non, un seul suffit, celui qui part du pôle positif de la pile. On supprime le fil de retour, mais à la condition de mettre en communication avec le sol (par l'intermédiaire d'un puits) le pôle négatif de la pile et le fil qui termine l'électro-aimant. La terre sert de fil de retour.

Est-il exact de dire que la terre sert de fil de retour?

Non, en réalité le courant se perd dans le sol. L'intensité du courant devient ainsi double de ce qu'elle serait si l'on employait deux fils, car on supprime la résistance du fil de retour.

Quel est le phénomène remarquable que présente la transmission d'un courant très court dans un très long câble?

Le courant met un temps très appréciable pour se propager d'un bout du câble à l'autre. De plus, le courant s'éparpille pour ainsi dire en route et il arrive de l'électricité pendant environ dix secondes à l'autre bout du câble. Le courant croît pendant un certain temps, passe par un maximum et décroît ensuite.

XI. — Courants thermo-électriques.

Quelle est l'expérience de Seebeck?

En 1821, Seebeck découvrit qu'il se développe un courant électrique dans un circuit formé de deux métaux différents, soudés bouts à bouts, quand les températures des deux soudures sont différentes.

** Comment varie l'intensité du courant avec la différence des températures?*

Elle est proportionnelle à la différence des températures, pourvu que cette différence soit faible. Quand la différence des températures devient considérable, l'intensité du courant n'augmente plus en proportion et diminue même parfois.

** Comment varie l'intensité du courant avec la nature des métaux soudés?*

Elle dépend de la nature des métaux. Le couple platine-fer est celui qui donne la plus grande intensité.

** Comment varie la direction du courant avec la nature des métaux?*

Becquerel a dressé une liste des métaux qui indique le sens du courant dans la soudure la plus chaude. Pour le bismuth et l'antimoine, le courant va, dans cette soudure, du bismuth à l'antimoine. Pour le bismuth et le cuivre, il va du bismuth au cuivre.

** Peut-on obtenir des courants thermo-électriques avec un seul métal?*

Oui, il suffit de porter à des températures différentes les deux extrémités d'une portion où le métal présente une différence de structure avec le reste du circuit (écrouissage, nœud, enroulement en spirale, etc.).

** Quelle est la résistance intérieure d'une pile thermo-électrique?*

Elle est presque nulle.

** Quel galvanomètre faudra-t-il donc employer avec une pile thermo-électrique?*

Un galvanomètre à fil gros et court.

De quoi se compose la pile de Nobili et Melloni?

Chaque élément se compose d'un barreau de bismuth soudé à un barreau d'antimoine. Pour obtenir une pile composée de plusieurs éléments couplés en tension, on soude un grand nombre de barreaux alternatifs de bismuth et d'antimoine (on commence par un bismuth et l'on finit par un antimoine). On courbe les barreaux de manière à mettre toutes les soudures paires d'un côté, et toutes les soudures impaires de l'autre. On porte les soudures paires et les soudures impaires à des températures différentes.

A quoi servent les piles thermo-électriques?

Elles servent d'abord à transformer la chaleur en électricité, puis à mesurer la différence des températures en deux points déterminés. Les deux soudures étant placées en ces points, la mesure de l'intensité du courant au moyen d'un galvanomètre donnera la différence des deux températures, pourvu que cette différence soit faible.

XII. — Induction. — Principe des machines magnéto et dynamo-électriques.

Énoncez les lois de Faraday.

1° Un courant qui commence produit dans un circuit voisin un courant de sens contraire; un courant qui finit produit un courant de même sens.

2° Un courant qui augmente d'intensité produit dans un circuit voisin un courant de sens contraire; un courant qui diminue d'intensité produit un courant de même sens.

3° Un courant qui approche produit dans un circuit voisin un courant de sens contraire; un courant qui s'éloigne produit un courant de même sens.

Quels noms donne-t-on au courant primitif et au courant produit?

Le courant primitif se nomme l'*inducteur* et le courant produit l'*induit*.

Comment démontre-t-on ces lois ?

Avec deux bobines dont les fils sont enroulés dans le même sens et dont l'une peut pénétrer dans l'autre. Le courant d'une pile passe dans le fil de la bobine intérieure qui est la bobine inductrice.

Le fil de la bobine extérieure, qui est la bobine induite, communique avec un galvanomètre.

La première loi se vérifie en fermant ou ouvrant le

courant de l'inducteur; la troisième, en enfonçant ou retirant la bobine inductrice. Quant à la seconde loi, on la vérifie en réunissant le pôle positif de la pile à la bobine inductrice au moyen de deux fils, l'un gros et court, l'autre long et fin. On diminue l'intensité du courant en supprimant le fil gros et on l'augmente en le remettant en place.

Énoncez la loi de Lenz.

La troisième loi de Faraday peut encore s'énoncer de la façon suivante : un courant qui approche ou qui s'éloigne produit dans un circuit voisin un courant qui tend à s'opposer au mouvement produit.

En effet, si le courant approche, l'inducteur et l'induit sont de sens contraires et se repoussent; si le courant s'éloigne, l'inducteur et l'induit sont de même sens et s'attirent.

Les aimants peuvent-ils agir comme inducteurs ?

Oui, puisqu'ils agissent comme des solénoïdes. Le sens des courants est déterminé par la connoissance des pôles, et, par suite, des courants particulaires.

Comment le prouve-t-on ?

En enfonçant un aimant dans la bobine induite, puis l'enlevant brusquement.

La terre peut-elle agir comme inducteur ?

Oui, puisqu'elle agit comme un courant allant de l'est à l'ouest.

Comment le prouve-t-on ?

Au moyen d'un multiplicateur circulaire, mobile autour d'un axe horizontal. Cet axe est placé perpendiculairement au méridien magnétique, c'est-à-dire est parallèle au courant terrestre. La rotation du multiplicateur déplace le circuit par rapport au courant terrestre et y développe des courants induits alternatifs (c'est-à-dire alternativement de sens contraires).

Comment renforce-t-on l'action inductrice d'une bobine?

En plaçant un noyau de fer doux dans son axe. Le noyau s'aimante et son aimantation agit dans le même sens que le courant de la bobine pour développer un courant induit.

Quelles sont les propriétés des courants induits?

Ils ont une durée très courte et cessent en même temps que la cause qui leur a donné naissance.

Qu'est-ce qu'un extra-courant ou un courant de self-induction ?

Un courant induit produit dans un circuit par le courant même qui circule dans ce circuit.

Quelle est la condition nécessaire pour qu'un extra-courant puisse prendre naissance?

Il faut que le circuit ait une portion enroulée sur une bobine. En traversant chaque spire, le courant induit les spires voisines.

Qu'est-ce que l'extra-courant de rupture?

L'extra-courant qui se produit au moment où cesse brusquement le courant. Il est très violent et est de même sens que le courant qui finit.

Qu'est-ce que l'extra-courant de fermeture?

L'extra-courant qui se produit au moment où commence le courant. Il est de sens contraire au courant qui commence et en diminue l'intensité.

Décrivez sommairement la bobine de Ruhmkorff.

C'est une bobine inductrice, enveloppée par une bobine induite. La bobine inductrice porte dans son axe un faisceau de fils de fer doux (un noyau massif donnerait du magnétisme rémanent). Un interrupteur permet d'interrompre un très grand nombre de fois par seconde le courant qui traverse la bobine inductrice.

** Comment faut-il choisir les fils des bobines?*

Le fil de la bobine inductrice est gros et court, celui

de la bobine induite est très long et très fin. Pour obtenir le maximum d'effet, il faut que la résistance de la bobine inductrice soit égale à la résistance de la pile.

Quelles sont les propriétés des courants induits dans la bobine de Ruhmkorff?

Le courant induit de rupture, de même sens que le courant inducteur, est de très grande intensité et fournit de violentes étincelles. Au contraire, le courant induit de fermeture, de sens contraire au courant inducteur, est de faible intensité et ne donne pas d'étincelles. Si le fil de la bobine induite est rompu, le courant induit de rupture traverse seul la couche d'air au point de section du fil, et la bobine ne donne plus de courants alternatifs, mais seulement un courant de même sens que celui de l'inducteur.

** Les quantités d'électricité mises en jeu dans l'induit de rupture et dans l'induit de fermeture sont-elles égales?*

Oui. La différence d'intensité vient de ce que l'extra-courant de fermeture retarde l'établissement du courant inducteur qui commence et rend plus longue la durée de l'induit de fermeture.

** Quel est le perfectionnement de Fizeau?*

Il met les deux extrémités du fil de la bobine inductrice en communication avec un condensateur à très large surface, plusieurs fois replié sur lui-même et logé dans le pied de l'appareil. Ce condensateur absorbe l'extra-courant de rupture de la bobine inductrice et diminue la durée de l'étincelle qui jaillit entre le marteau et l'enclume de l'interrupteur à chaque rupture du courant, ce qui augmente l'intensité du courant induit de rupture.

Quel est le principe des machines magnéto-électriques?
Quand on déplace un circuit par rapport à un aimant,

ou un aimant par rapport à un circuit, il se développe des courants induits dans le circuit. D'après la loi de Lenz, ces courants ont un sens tel qu'ils tendent à s'opposer au mouvement de l'aimant ou du circuit.

Comment renforce-t-on l'intensité des courants induits?

On donne au circuit la forme d'un électro-aimant, c'est-à-dire que ce circuit enveloppe un noyau de fils de fer doux. Les variations de l'aimantation, qui se produisent dans le fer doux par son déplacement par rapport à l'aimant, agissent sur le circuit dans le même sens que l'aimant lui-même.

A quoi se réduit donc en définitive la construction de toute machine magnéto-électrique?

C'est un électro-aimant qui se déplace devant un aimant, ou réciproquement.

Qu'est-ce qu'une machine dynamo-électrique?

C'est la même machine que la précédente, sauf que l'aimant est remplacé par un électro-aimant, beaucoup plus puissant qu'un aimant.

Qu'est-ce qui fournit le courant à l'électro-aimant?

La machine elle-même. On fait passer en dérivation une partie du courant de la machine dans l'électro-aimant.

Qu'est-ce qui fournit le premier courant quand on met la machine en marche?

La faible aimantation qui persiste toujours dans le meilleur fer doux.

Les machines magnéto et dynamo-électriques donnent-elles des courants continus?

Non, les courants sont alternatifs. On obtient un courant continu en employant un *commutateur*. Suivant les cas, on conserve les courants alternatifs (lumière électrique, effets physiologiques) ou on les rend continus (galvanoplastie).

Les machines magnéto et dynamo-électriques sont-elles réversibles?

Oui. En faisant passer un courant dans la machine, celle-ci tourne dans un sens tel que le courant qu'elle produit est inverse de celui qui produit le mouvement.

Quelle application a été faite de la réversibilité de ces machines?

Au transport de la force à distance. Une machine reçoit son mouvement en un lieu déterminé au moyen d'une chute d'eau, par exemple. Le courant, qui doit être continu, est lancé au moyen de fils dans une autre machine semblable qui se met à tourner.

Quelle a été la première machine électro-magnétique?

Celle de Pixii, construite en 1832, un an après la découverte des lois de l'induction. C'est un aimant qui tourne devant un électro-aimant fixe, en forme de fer à cheval.

Quel perfectionnement a été apporté par Clarke?

Il a simplement fait tourner l'électro-aimant devant l'aimant fixe.

Les courants sont-ils de même sens dans chaque bobine?

Non, ils sont toujours de sens contraires. Mais, comme l'enroulement des fils de l'une des bobines est contraire au sens de l'enroulement dans l'autre, les deux courants s'ajoutent et n'en font qu'un seul.

A quel moment le courant change-t-il de sens dans chacune des bobines?

Au moment où la bobine passe devant les pôles de l'aimant. Le courant conserve donc le même sens dans chaque demi-rotation.

A quel moment le courant est-il minimum?

Quand les bobines sont en face des pôles de l'aimant.

A quel moment le courant est-il maximum ?

Quand les bobines sont sur la ligne perpendiculaire à la ligne des pôles.

Quelle est la construction du commutateur ?

L'axe de rotation des bobines porte deux demi-viroles de cuivre, isolées, où aboutissent les extrémités du fil des bobines. Ces viroles constituent donc les pôles de la machine. Des ressorts d'acier viennent butter contre les viroles. Or, au moment où le courant change de sens dans chaque virole, chaque ressort vient toucher une virole nouvelle. Il en résulte que les ressorts reçoivent toujours un courant de même sens.

Comment faut-il construire les bobines ?

Il faut des fils gros et courts pour les effets calorifiques qui exigent peu de résistance extérieure, des fils longs et fins pour les effets chimiques et physiologiques qui exigent une grande résistance extérieure.

Quel est l'inconvénient de la machine de Clarke ?

Les bobines, placées d'un seul côté de l'aimant, n'utilisent qu'une partie de l'aimantation de l'aimant.

Quel est le perfectionnement de Siemens ?

Il enroule un fil dans deux canaux creusés sur la surface d'un cylindre de fer doux. Ces canaux sont parallèles à l'axe du cylindre et dans un même plan. Le cylindre tourne entre les deux branches d'un aimant. En somme, c'est le même dispositif que dans la machine de Clarke, mais on utilise la presque totalité de l'aimantation de l'aimant. La machine de Siemens est beaucoup plus puissante que celle de Clarke.

Quel est le perfectionnement de Gramme ?

Le cylindre de fer doux de Siemens porte un grand nombre d'enroulements de fils, ce qui a l'avantage de multiplier d'autant les effets de la machine. En réalité, le cylindre de fer doux est ici remplacé par un anneau de fils de fer doux. Des bobines sont enroulées, toutes dans le même sens, sur cet anneau et elles communiquent deux à deux par l'intermédiaire de barres de cuivre, implantées dans l'axe de rotation de la machine.

Où s'effectue le changement de sens du courant dans chaque bobine?

Suivant la ligne perpendiculaire à la ligne des pôles. Le courant conserve donc le même sens dans chaque demi-rotation de la bobine.

Comment se comportent les bobines?

Comme des éléments de pile, couplés en tension. Les courants de sens contraires, produits dans chacun des demi-cercles, viennent se réunir précisément sur la ligne perpendiculaire à la ligne des pôles. On les recueille à l'aide de balais qui touchent les cuivres de l'axe de rotation suivant la ligne perpendiculaire à l'axe des pôles.

XIII. — Téléphone. — Effets calorifiques et lumineux des courants.

De quoi se compose le téléphone de Graham Bell?

D'une plaque de fer que la parole fait vibrer devant l'un des pôles d'un aimant rectiligne. Ce pôle est enveloppé d'un circuit qui communique avec un autre appareil semblable. L'appareil transmetteur est identique au récepteur.

Donnez la théorie du transmetteur.

Les vibrations de la plaque modifient l'intensité magnétique du pôle, ce qui détermine dans le circuit des courants induits.

Donnez la théorie du récepteur.

Les courants induits déterminent dans le barreau aimanté des vibrations moléculaires qui reproduisent la parole.

Qu'est-ce qui le prouve?

C'est que le récepteur parle, même sans plaque.

La plaque du récepteur ne joue-t-elle aucun rôle?

Si, elle amplifie la parole. Les variations de l'intensité magnétique du pôle, sous l'influence des courants induits, la font aussi vibrer exactement comme vibre la plaque du transmetteur.

De quoi se compose le microphone de Hughes?

On parle devant des baguettes de charbon des cornues, reposant sur d'autres baguettes. Un courant circule à travers toutes ces baguettes.

De quoi se compose le téléphone actuel?

Le transmetteur est un microphone de Hughes et le récepteur est un téléphone de Bell.

Donnez la théorie de ce téléphone.

La parole fait vibrer les baguettes de charbon. Ces vibrations, produisant des contacts plus ou moins énergiques entre les charbons, déterminent des variations dans l'intensité du courant. Ces variations de courant, en arrivant dans le téléphone, agissent comme dans le téléphone de Bell et reproduisent la parole.

Est-ce le courant qui traverse les charbons qui arrive au récepteur?

Non, ce courant passe dans une petite bobine qui produit des courants induits dans une autre bobine entourant la première. Le récepteur reçoit ces courants induits.

Quel avantage présente ce dispositif?

Les courants induits ont plus de potentiel et peuvent être envoyés beaucoup plus loin sur le fil de ligne.

Quel est l'appareil le plus avantageux : celui de Bell ou l'appareil combiné de Hughes et de Bell?

Celui de Bell, qui ne nécessite pas de pile, ne convient que pour les petites distances. Le second, qui nécessite l'usage de la pile de Leclanché, permet d'envoyer la parole à des distances considérables.

Énoncez la loi de Joule.

La quantité de chaleur produite par un courant dans un conducteur, pendant l'unité de temps, est proportionnelle au carré de l'intensité du courant et à la résistance du conducteur.

Quelle est la formule qui résume cette loi?

On a :

$$Q = K r i^2 t,$$

Q étant la chaleur produite pendant un temps t dans un conducteur de résistance r et traversé par un courant d'intensité i. K est une constante qui dépend de la nature du conducteur.

Comment faut-il choisir le conducteur pour obtenir beaucoup de chaleur et de lumière?

Si c'est un métal, du platine par exemple, il faut le choisir ayant une grande résistance, c'est-à-dire sous la forme d'un fil très fin. Edison a employé le charbon en fil fin pour ses lampes à incandescence.

Pourquoi Edison a-t-il dû renoncer à l'emploi d'un fil de platine?

Le platine se rompt très vite.

Pourquoi faut-il enfermer le fil de charbon dans un globe de verre privé d'air?

Pour qu'il ne brûle point.

Qu'est-ce que l'arc voltaïque?

Un flux de charbon incandescent qui affecte la forme d'un arc et qui s'écoule du charbon (des cornues à gaz) communiquant avec le pôle positif d'une pile ou d'une machine sur le charbon communiquant avec le pôle négatif.

Qu'est-ce qui prouve la réalité de cet écoulement?

Le charbon positif se creuse, tandis que le charbon négatif s'élargit au sommet.

Quelle est la conséquence de cette usure?

L'écartement des deux charbons devient trop considérable et l'arc s'éteint.

Comment remédie-t-on à cet inconvénient?

En employant des courants alternatifs, ce qui a pour effet d'égaliser l'usure des deux charbons. Puis, on rapproche les deux charbons à une distance couvenable par divers procédés (régulateur Serrin, bougie Jablochkoff, etc.).

L'arc jaillit-il quand on rapproche les deux charbons, mais sans les mettre en contact?

Non, il faut qu'il y ait d'abord contact. Le courant passe et rougit les pointes de charbon. L'arc jaillit au moment où les pointes sont écartées de quelques millimètres.

L'arc électrique est-il une source de chaleur?

Oui, considérable même. On l'utilise pour fondre les métaux en grand dans l'industrie, provoquer des réactions chimiques, souder les métaux, etc. La température monte jusqu'à 3000 degrés, ce qui permet de fondre le charbon, l'alumine, la chaux (expériences récentes de M. Moissan).

MÉCANIQUE

I. — Lois de la chute des corps. — Masse.

Qu'est-ce qu'un mouvement varié ?

Un mouvement qui n'est pas uniforme.

Qu'appelle-t-on vitesse d'un mouvement varié à un instant donné?

Soit A la position du mobile à l'instant t. Il arrive au bout du temps $t + \theta$ à une nouvelle position B, distante de A d'une longueur e. Imaginons un second mobile, partant de A au même temps t et arrivant en B au même temps $t + \theta$, mais animé d'un mouvement uniforme. C'est la vitesse de ce second mobile, exprimée par $\frac{e}{\theta}$, qui est dite la vitesse du premier mobile au temps t, à la condition que θ soit très voisin de zéro.

Cette définition permet-elle de mesurer expérimentalement la vitesse d'un mobile à un instant donné?

Non. Elle permet de *calculer* la vitesse du mobile quand on connaît la loi des espaces parcourus.

Citez un exemple.

Soit un mobile qui parcourt des espaces proportionnels aux carrés des temps. On aura :

$$e = at^2,$$

e étant l'espace parcouru pendant le temps t et a une constante qui représente l'espace parcouru pendant la première seconde. L'espace parcouru au bout du temps $t + \theta$ est

$$e_1 = a\,(t + \theta)^2.$$

Par définition, la vitesse du mobile au temps t sera donc $\dfrac{e_1 - e}{\theta}$, ou

$$v = \frac{a\,(t+\theta)^2 - at^2}{\theta}$$

quand θ tendra vers 0. Or on a :

$$v = 2at + a\theta,$$

ou, si $\theta = 0$,

$$v = 2at.$$

Les vitesses sont proportionnelles aux temps.

Comment détermine-t-on expérimentalement la vitesse d'un mobile au temps t?

On se base sur le principe de l'inertie : *quand la force qui fait mouvoir un corps cesse brusquement d'agir, le corps continue à se mouvoir en ligne droite et d'un mouvement uniforme.* On supprime donc la force qui fait mouvoir le mobile, juste à l'instant t, et l'on mesure alors la vitesse du mouvement uniforme qui succède à cet instant au mouvement varié.

Comment mesure-t-on la vitesse de ce mouvement uniforme?

En mesurant l'espace parcouru en *une* seconde.

Qu'est-ce qu'un mouvement uniformément accéléré?

Un mouvement dans lequel la vitesse augmente de la même quantité pendant des intervalles de temps égaux.

Quel nom donne-t-on à cet accroissement constant de vitesse au bout de chaque unité de temps?

Accélération.

Qu'est-ce qu'un mouvement uniformément retardé?

Un mouvement dans lequel la vitesse diminue de la même quantité pendant des intervalles de temps égaux.

Quelles sont les formules du mouvement uniformément accéléré ou retardé?

Soient v la vitesse du mobile au bout du temps t, e l'espace parcouru, v_0 la vitesse initiale au moment où l'on commence à compter le temps, g l'accélération; on a :

$$v = v_0 \pm gt,$$
$$e = v_0 t \pm \frac{gt^2}{2}.$$

Il faut employer le signe $+$ quand le mouvement est accéléré, et le signe $-$ quand il est retardé.

Quel est le mouvement imprimé à un mobile par une force constante en grandeur et en direction?

Un mouvement uniformément accéléré ou retardé, suivant que la force agit dans le sens du mouvement du mobile ou dans le sens contraire.

———

Démontrez que la pesanteur est une force constante en grandeur et en direction pour un même point de la terre.

Un point pesant, placé à la surface du sol en un lieu déterminé, est sollicité par une force égale à $\frac{mM}{d^2}$, m étant la masse du point pesant, c'est-à-dire la quantité de matière qu'il contient, M la masse de la terre et d la distance du point au centre de la terre. Or ces trois quantités sont constantes, car on peut, considérer d comme invariable quand le corps tombe d'une faible hauteur.

Quelle conclusion faut-il en tirer?

Les corps tombent ou montent, sous l'influence de

la pesanteur, avec un mouvement uniformément accéléré ou retardé.

Comment le vérifier?

En vérifiant les formules

$$v = v_0 \pm gt \quad \text{et} \quad e = v_0 t \pm \frac{gt^2}{2}.$$

Quel nom donne-t-on à l'accélération dans le cas de la pesanteur?

On la nomme *intensité de la pesanteur.*

Quelle est la vérification la plus intéressante?

Le cas où le corps tombe librement, sans vitesse initiale. Les formules deviennent :

$$v = gt, \quad e = \frac{1}{2} gt^2.$$

Énoncez les lois de la chute des corps.

Elles sont contenues dans ces formules :

1° Les vitesses sont proportionnelles aux temps.

2° Les espaces parcourus sont proportionnels aux carrés des temps.

3° La vitesse est indépendante de la nature de la matière qui compose le corps.

Comment démontre-t-on la troisième loi?

Avec le tube de Newton.

Pourquoi faut-il faire le vide?

Pour empêcher l'influence de l'air qui masque le phénomène.

Comment l'air agit-il?

De deux façons : 1° en résistant au passage du corps, résistance qui augmente très rapidement avec la vitesse ; 2° d'après le principe d'Archimède, en imprimant au

16.

mobile une poussée verticale, dirigée de bas en haut, qui tend à détruire l'action de la pesanteur.

Que faudrait-il donc faire pour vérifier exactement les lois de la pesanteur?

Il faudrait faire tomber le corps dans le vide.

Peut-on cependant faire la vérification dans l'air?

Oui, mais à la condition de rendre l'action de l'air aussi faible que possible. Il faudra donc ralentir la chute du corps, de manière à rendre la résistance de l'air très faible.

Mais êtes-vous donc libre de rendre la chute d'un corps aussi faible que possible, sans changer les lois de la chute?

Oui, à la condition de laisser toujours tomber le corps sous l'action d'une force constante en grandeur et en direction. Les lois vérifiées sont toujours celles du mouvement uniformément accéléré.

Calculez l'accélération d'un corps qui tombe dans l'air.

Soient v le volume du corps, d son poids spécifique et a celui de l'air par rapport à l'eau. Le corps est soumis à deux forces, son poids vd, qui agit de haut en bas, et la poussée va, qui agit de bas en haut. La résultante est donc :

$$vd - va = v(d - a).$$

Or, quand plusieurs forces, constantes en grandeur et en direction, agissent sur un corps de masse constante, elles lui communiquent des accélérations proportionnelles aux forces. Quand la pesanteur agit seule, le poids vd communique au corps l'accélération g ; dans l'air, la force $v(d - a)$ communique une accélération x, et l'on a :

$$\frac{g}{x} = \frac{vd}{v(d - a)} = \frac{d}{d - a};$$

d'où

$$x = g \left(1 - \frac{a}{d} \right).$$

Donc x sera d'autant plus grand que d sera plus grand. Voilà pourquoi ce sont les corps qui ont le plus grand poids spécifique qui tombent le plus vite dans l'air.

———

Quel est le but de la machine d'Atwood ?

Ralentir la chute d'un corps pour éviter la résistance de l'air.

Quelle est la force constante qui agit sur le système mobile ?

Le poids de la masse additionnelle m.

Comment la chute de cette masse m est-elle ralentie ?

On oblige cette masse à entraîner avec elle, dans sa chute, les deux masses M qui se font équilibre aux extrémités du fil qui s'enroule sur la poulie.

Calculez l'accélération dans la machine d'Atwood.

Une force constante, agissant sur des masses différentes, leur communique des accélérations qui sont respectivement en raison inverse de ces masses. Le poids additionnel, tombant seul, communique à sa propre masse m une accélération g; le poids additionnel, en traînant avec lui les masses $2M + m$, leur communique une accélération x, telle que :

$$\frac{x}{g} = \frac{m}{2M + m};$$

d'où

$$x = g \times \frac{m}{2M + m}.$$

Peut-on rendre x aussi petit que l'on veut ?

Oui : m restant constant, il suffit de donner à M une

valeur assez grande pour que le rapport $\dfrac{m}{2M+m}$ devienne aussi petit que l'on veut.

Comment peut-on rendre très faible le frottement de l'axe de rotation de la roue?

En faisant reposer cet axe sur deux paires de roues croisées, qui sont mises en rotation par l'axe.

Que vérifie-t-on avec la machine d'Atwood?

Les lois du mouvement uniformément accéléré, car la force qui agit est constante (le poids de la masse additionnelle).

Comment vérifie-t-on la loi des espaces?

On mesure les espaces parcourus par la masse additionnelle pendant une, deux, trois, etc., secondes. On trouve des longueurs a, $4a$, $9a$, $16a$, etc. Les espaces parcourus sont donc bien proportionnels aux carrés des temps.

Comment vérifie-t-on la loi des vitesses?

On arrête la masse additionnelle au moyen du curseur vide au bout d'une seconde de chute, et l'on mesure l'espace b parcouru pendant *une* seconde par la masse M *seule*. Cet espace b est la vitesse au bout d'une seconde de chute. On arrête ensuite la masse additionnelle au bout de deux secondes de chute, et l'on mesure l'espace b' parcouru pendant *une* seconde par la masse M seule. Cet espace b' est la vitesse au bout de deux secondes de chute. Or on trouve $b' = 2b$. Donc les vitesses sont proportionnelles aux temps de chute.

Quelle relation y a-t-il entre a et b?

On trouve $b = 2a$, c'est-à-dire que l'espace parcouru pendant la première seconde est la moitié de la vitesse au bout de cette seconde de chute.

Ce résultat est-il donné par les formules du mouvement uniformément accéléré?

Oui. Les formules

$$e = \frac{1}{2} \gamma t^2 \quad \text{et} \quad v = \gamma t$$

donnent, en faisant $t = 1$:

$$e_1 = \frac{1}{2} \gamma \quad \text{et} \quad v_1 = \gamma;$$

d'où

$$v_1 = 2 e_1.$$

La machine d'Atwood permet-elle de trouver les lois de la chute libre?

Oui. En diminuant les masses M et laissant m constant, on rend l'accélération γ de plus en plus grande et se rapprochant de l'accélération g en chute libre. On est donc en droit d'en conclure que les lois restent encore vraies à la limite, quand M est nul et que la masse additionnelle tombe seule.

La machine d'Atwood permet-elle de mesurer l'accélération en chute libre?

Oui. On voit que l'accélération γ est le double de l'espace parcouru pendant la première seconde de chute. On connaît donc γ. Or

$$\frac{\gamma}{g} = \frac{m}{2M + m}.$$

Il est donc facile de calculer g, puisque l'on connaît γ, m et 2M.

Cette méthode est-elle précise?

Non, les frottements de la roue rendent la valeur de γ trop peu précise.

La machine d'Atwood permet-elle de vérifier que des

forces constantes, agissant sur une même masse, lui communiquent des accélérations respectivement proportionnelles à ces forces?

Oui ; il suffit de prouver que γ est proportionnel à m si $2M+m$ reste constant. Pour rendre $2M+m$ constant, on compose les masses M de rondelles de même poids et en même nombre de chaque côté.

Soit p le poids de chaque rondelle. On prend une rondelle d'un côté et on la place de l'autre. La masse additionnelle est ici $2p$; on mesure l'accélération correspondante γ. On prend une autre rondelle qu'on place de l'autre côté. La masse additionnelle est $4p$. Or l'accélération correspondante est 2γ.

La machine Morin donne-t-elle les lois de la chute libre?

Oui, puisque le poids armé du crayon tombe librement.

La résistance de l'air se fait-elle sentir?

Elle est insensible, car le poids tombe pendant un temps très court et sa vitesse n'est jamais très considérable.

Comment a-t-on rendu uniforme la vitesse de rotation du cylindre?

En faisant tourner des ailettes qui rendent la résistance de l'air considérable. La vitesse de rotation du cylindre devient uniforme quand la vitesse de rotation des ailettes devient assez considérable.

A quel moment cela a-t-il lieu?

Quand le poids qui met le cylindre en mouvement a atteint les deux tiers de sa chute. C'est à ce moment qu'on laisse tomber le poids muni du crayon.

Comment vérifie-t-on la loi des espaces?

En constatant simplement que la courbe tracée par le crayon est une parabole. Les longueurs comptées sur la tangente au sommet représentent les temps de chute du poids, et les perpendiculaires abaissées jusqu'à la courbe représentent les espaces parcourus. Or, dans une parabole, les longueurs comptées sur la tangente sont proportionnelles aux carrés des longueurs des perpendiculaires correspondantes.

Est-il nécessaire de vérifier la loi des vitesses?

Non, puisque cette loi est une conséquence directe du calcul effectué au moyen de la loi des espaces.

———

Quelle est la signification physique du mot masse?

C'est la quantité de matière contenue dans un corps.

Quelle est la signification mathématique du mot masse?

C'est le rapport constant d'une force F agissant sur un corps à l'accélération γ correspondante. Ce rapport constant $m = \dfrac{F}{\gamma}$, quelle que soit la valeur de la force F, est ce qu'on appelle la masse du corps.

Peut-on mesurer la masse d'un corps au moyen de son poids?

Oui. La pesanteur étant une force constante, on a :

$$m = \frac{P}{g}.$$

La masse d'un corps est donc proportionnelle à son poids en un même lieu de la terre.

Pourquoi ajoutez-vous en un même lieu de la terre?

Parce que l'accélération *g* varie avec les différents points de la terre et ne reste constante que pour un même lieu.

Quelle définition de la masse découle de la formule précédente?

La masse d'un corps est le rapport du poids de ce corps à l'accélération correspondante au même lieu de la terre.

Qu'en déduit-on ?

On a : $P = mg$, c'est-à-dire que le poids d'un corps est le produit de sa masse par l'accélération.

Peut-on mesurer une force constante au moyen de la masse d'un corps sur lequel elle agit ?

Oui, en mesurant l'accélération γ produite par la force.

On a :

$$\frac{F}{\gamma} = m, \quad \text{d'où} \quad F = m\gamma.$$

Quelle est l'unité de masse à Paris ?

L'accélération à Paris est 9 mètres 81. Or la formule $m = \frac{P}{g}$ indique que m deviendra égal à 1 quand le nombre qui exprime P devient égal à celui de g. L'unité de masse est donc celle d'un corps qui pèse à Paris 9 kilos 81 (le kilogramme est pris pour unité de force, le mètre pour unité de longueur et la seconde pour unité de temps).

Qu'appelle-t-on densité d'un corps ?

La masse de l'unité de volume d'un corps.

Quelle relation existe-t-il entre le poids spécifique d'un corps et sa densité ?

On a : $m = vd$, m étant la masse d'un corps, v son volume et d sa densité.

On a aussi : $p = v\delta$, p étant son poids et δ son poids spécifique.

Or $p = mg$, donc $mg = v\delta$. On en déduit :

$$\frac{m}{mg} = \frac{vd}{v\delta}$$

ou

$$\frac{1}{g} = \frac{d}{\delta};$$

d'où :

$$\delta = d \times g.$$

Qu'est-ce que la densité relative d'un corps ?

Le quotient de la densité d'un corps par la densité de l'eau.

Quelle relation existe-t-il entre la densité relative d'un corps et son poids spécifique relatif ?

Soient p le poids de l'unité de volume d'un corps et m la masse ; on a : $p = mg$. Soient p' le poids de l'unité de volume de l'eau et m' la masse ; on a : $p' = m'g$. D'où :

$$\frac{p}{p'} = \frac{m}{m'}.$$

Or $\frac{p}{p'}$ est le poids spécifique relatif du corps et $\frac{m}{m'}$ sa densité relative. Ces deux quantités sont donc égales. D'où l'habitude de confondre les expressions cependant différentes de poids spécifique et de densité.

II. — Pendule.

Qu'est-ce qu'un pendule composé ?

Un corps quelconque oscillant autour d'un axe horizontal.

Qu'est-ce qu'un pendule simple ?

Un pendule idéal, formé d'un point pesant relié à l'axe de rotation par un fil inextensible et sans pesanteur.

Quelles sont les lois du pendule simple trouvées par Galilée ?

1° La durée d'une oscillation est indépendante de la matière qui compose le pendule.

2° La durée d'une oscillation est indépendante de l'angle d'écart avec la verticale (amplitude), pourvu que cet angle ne dépasse pas 2 à 3 degrés.

3° Les durées des oscillations sont proportionnelles aux racines carrées des longueurs du pendule.

Quelle est la formule qui exprime ces lois?

C'est

$$t = \pi \sqrt{\frac{l}{g}},$$

t étant la durée d'une oscillation, l la longueur du pendule, g l'intensité de la pesanteur et π le rapport de la circonférence au diamètre (unités adoptées : le mètre et la seconde). La formule n'est vraie que pour de petites amplitudes.

Comment démontre-t-on la première loi?

En faisant osciller successivement des pendules, de même longueur, mais composés de matières différentes. On constate que la durée de chaque oscillation reste la même.

Comment mesure-t-on la durée d'une oscillation?

On mesure la durée T de N oscillations. La durée d'une oscillation est $\frac{T}{N}$.

Avez-vous déjà entendu parler de cette première loi du pendule?

Oui. Tous les corps tombent également vite dans le vide. Or, dans un pendule, le corps tombe circulairement au lieu de tomber verticalement. En définitive, c'est toujours une chute.

Comment démontre-t-on la deuxième loi?

En faisant osciller un même pendule avec des amplitudes différentes, mais très petites.

Comment démontre-t-on la troisième loi?

En faisant osciller des pendules de longueurs différentes. Les pendules étant de longueurs l et l', les nombres des oscillations n et n' par seconde sont telles que

$$\frac{n}{n'} = \frac{\sqrt{l'}}{\sqrt{l}}.$$

On a, en effet, pour les durées t et t' de chaque oscillation :

$$t = \frac{1}{n} \quad \text{et} \quad t' = \frac{1}{n'};$$

d'où

$$\frac{n}{n'} = \frac{t'}{t} = \frac{\sqrt{l'}}{\sqrt{l}}.$$

Quelle est la longueur du pendule qui bat la seconde à Paris?

La formule du pendule devient, en faisant $t = 1$ seconde,

$$1 = \pi \sqrt{\frac{l}{9,81}};$$

d'où

$$l = \frac{9,81}{\pi^2}.$$

C'est sensiblement 1 mètre.

Quel est l'inventeur de l'horloge?

Huyghens, en Hollande, en 1657.

Quel est le principe des horloges?

Un pendule bat la seconde, par exemple. Chaque oscillation fait tourner une roue dentée d'une division qui représente la seconde. Le pendule détermine la rotation de la roue au moyen de l'*échappement à ancre*. Les oscillations du pendule sont entretenues par la poussée exercée sur l'ancre par la roue dentée sous l'action du poids de l'horloge.

Comment mesure-t-on l'intensité de la pesanteur en un point de la terre au moyen du pendule?

Connaissant la longueur l du pendule et la durée t d'une oscillation en un point déterminé de la terre, on a :

$$t = \pi \sqrt{\frac{l}{g}};$$

d'où

$$g = \frac{\pi^2 l}{t^2}.$$

On trouve à Paris $g = 9$ mètres 81.

Comment varie l'intensité de la pesanteur en un même point de la terre avec l'altitude?

Elle diminue quand l'altitude augmente, en vertu de la loi de l'attraction de Newton $A = \frac{Mm}{d^2}$, A étant l'attraction des deux masses M et m et d leur distance. Or, d augmentant, la force attractive diminue, d'où aussi l'accélération.

Comment varie l'intensité de la pesanteur avec la latitude?

Elle diminue du pôle à l'équateur.

Pourquoi?

Pour deux raisons : 1° à cause de l'aplatissement des pôles qui rapproche davantage la surface de la terre aux pôles du centre de la terre; 2° à cause de la force centrifuge qui est nulle aux pôles et augmente progressivement jusqu'à l'équateur où elle est maximum.

Qu'est-ce que la force centrifuge?

La force qui éloigne un corps tournant autour d'un centre dans la *direction des rayons*, en dehors du centre. Cette force augmente avec la vitesse de rotation qui, sur la terre, est nulle aux pôles et maximum à l'équateur.

Pourquoi la force centrifuge diminue-t-elle l'intensité de la pesanteur ?

A l'équateur, par exemple, elle est juste dans une direction opposée à l'attraction terrestre.

La balance donne-t-elle le poids d'un corps ?

Non, elle indique que la masse du corps pesé est égale à la masse des poids qui lui font équilibre.

Quel est l'instrument qui donne le poids d'un corps ?

Le dynamomètre, c'est-à-dire un ressort.

La balance indiquerait-elle que le poids d'un corps varie aux différents points de la terre ?

Non, les mêmes poids gradués feraient partout équilibre au même corps. Le poids mg du corps ferait équilibre au poids égal mg des poids gradués, puisque les masses sont égales et que g éprouve les mêmes variations.

III. — Travail, force vive, énergie, équivalent mécanique de la chaleur.

Qu'appelle-t-on travail d'une force, quand le mobile se déplace dans le sens de la force ?

Le produit de la force par l'espace parcouru. Pour soulever un poids P à une hauteur h, il faut effectuer un travail égal à $P \times h$. Un poids P qui tombe d'une hauteur h effectue un travail égal à $P \times h$.

Quelle est l'unité de travail ?

Le *kilogrammètre*, c'est-à-dire le travail nécessaire pour soulever 1 kilogramme à 1 mètre de hauteur.

Qu'appelle-t-on cheval-vapeur ?

La force nécessaire pour soulever 75 kilogrammes à 1 mètre de hauteur en une seconde, c'est-à-dire capable de produire un travail de 75 kilogrammètres en une seconde.

Qu'appelle-t-on force vive?

Le produit mv^2 de la masse d'un corps par le carré de sa vitesse.

Quel est l'énoncé du principe des forces vives?

Le travail effectué par une force pendant un certain temps est égal à la moitié de la variation de la force vive pendant ce temps.

Prouvez la vérité de ce principe dans le cas d'un corps qui tombe librement.

Soit un corps de masse m qui tombe librement d'une hauteur h. Soit v sa vitesse en touchant le sol. On a :

$$v = gt, \qquad h = \frac{1}{2} gt^2,$$

ou, en éliminant t,

$$v^2 = 2gh.$$

Or le travail effectué est $mg \times h$, mg étant le poids du corps. Or $gh = \frac{v^2}{2}$; donc le travail est $\frac{mv^2}{2}$, c'est-à-dire la moitié de la variation de la force vive, puisque la force vive était nulle au début de la chute.

Quelle est l'utilité d'une machine quelconque?

Une machine est incapable de créer du travail (ce qui démontre l'impossibilité du mouvement perpétuel); elle ne fait que transformer le travail.

Prouvez-le avec la presse hydraulique.

Soient S, P et H la section du grand cylindre, le poids dont est chargé son piston et la hauteur dont il se déplace; soient s, p et h les quantités analogues pour le petit piston. On a, quand il y a équilibre :

$$\frac{P}{p} = \frac{S}{s}.$$

On a d'ailleurs :

$$S \times H = s \times h$$

ou

$$\frac{S}{s} = \frac{h}{H}.$$

Donc,

$$\frac{P}{p} = \frac{h}{H};$$

d'où

$$P \times H = p \times h.$$

Le travail effectué par le grand piston est donc égal au travail effectué par le petit piston.

Qu'appelle-t-on énergie?

La possibilité pour un corps d'effectuer un travail.

Qu'appelle-t-on énergie actuelle?

Le travail que peut effectuer un corps en mouvement.

Citez un exemple.

Soit un boulet de canon de masse M, arrivant contre un mur avec une vitesse v. Sa demi-force vive est $\frac{1}{2} M v^2$. En pénétrant dans le mur, le boulet va effectuer un travail dont la valeur sera précisément $\frac{1}{2} M v^2$.

Si R est la résistance du mur et e la profondeur du trou, on aura donc :

$$R \times e = \frac{1}{2} M v^2;$$

d'où

$$e = \frac{M v^2}{2R}.$$

La profondeur du trou est donc proportionnelle à la masse du boulet, au carré de la vitesse et en raison inverse de la résistance du mur. Le boulet en mouvement possédait donc une énergie actuelle.

Qu'appelle-t-on énergie potentielle ?

Le travail que peut effectuer un corps au repos.

Citez des exemples.

Une pierre suspendue par une corde, un ressort tendu, la poudre de guerre, etc. En coupant la corde, la pierre tombera et pourra effectuer du travail; le ressort pourra effectuer du travail en se détendant; la poudre produira du travail en s'enflammant.

Qu'appelle-t-on énergie totale?

La somme de l'énergie actuelle et de l'énergie potentielle d'un corps.

Énoncez le principe de la conservation de l'énergie.

L'énergie totale d'un corps est constante, pourvu que ce corps soit soustrait à l'action d'une énergie étrangère.

Faites une application au cas d'un corps qui tombe.

Soit un corps situé à une distance h au-dessus du sol. Son énergie potentielle est mgh, m étant sa masse ; car, en tombant sur le sol, il produira un travail égal à $mg \times h$. Arrêtons-le dans sa chute quand il aura parcouru une distance d. Sa vitesse sera alors

$$v = \sqrt{2gd};$$

sa demi-force vive est

$$\frac{1}{2}\,mv^2 = mgd.$$

Il possède donc une énergie actuelle mgd. Mais, en tombant de la hauteur d, il a justement perdu l'énergie virtuelle mgd. On voit donc que la somme de son énergie actuelle et de son énergie virtuelle est toujours constante, en chacun des points de sa chute.

Que devient la force vive du corps au moment où il touche le sol, dans le cas où son mouvement s'anéantit brusquement ?

Elle se transforme en chaleur. La température du corps s'élève. C'est ainsi qu'un boulet de canon rougit en frappant un obstacle très résistant. D'une façon générale, tout mouvement est capable de se convertir en chaleur (choc, frottement, compression, etc.).

L'inverse est-il vrai ?

Oui, la chaleur est capable de se transformer en mouvement. La vapeur, qui meut le piston de la machine à vapeur, se refroidit, car une partie de la chaleur s'est transformée en mouvement.

Énoncez le principe de la transformation de l'énergie.

L'énergie d'un corps ne peut pas s'anéantir, pas plus que la masse de ce corps. En réalité, l'énergie se transforme suivant les circonstances et peut devenir du mouvement, de la chaleur, de la lumière, de l'électricité, des phénomènes chimiques.

Citez un cas où un mouvement se transforme en électricité.

La machine dynamo-électrique.

Citez un cas où l'électricité se transforme en mouvement.

La machine dynamo-électrique, qui est réversible.

Citez un cas où une réaction chimique se transforme en électricité.

La pile.

Citez un cas où l'électricité se transforme en réaction chimique.

Décomposition de l'eau dans le voltamètre.

17.

Citez un cas où la lumière se transforme en réaction chimique.

Décomposition du chlorure d'argent par la lumière.

Citez un cas où une action chimique se transforme en lumière.

Phosphorescence du phosphore par oxydation.

Qu'appelle-t-on équivalent mécanique de la chaleur ?

C'est le travail que peut produire une calorie.

Quelle est sa valeur ?

Elle est de 425 kilogrammes, c'est-à-dire qu'un kilogramme d'eau, en perdant *un* degré de température, est capable d'effectuer un travail de 425 kilogrammètres. Inversement, il faut effectuer un travail de 425 kilogrammètres pour élever d'*un* degré la température d'un kilogramme d'eau.

Quelle est la méthode de Joule pour déterminer l'équivalent mécanique de la chaleur ?

Il fait tourner des ailettes dans la masse d'eau d'un calorimètre. Les ailettes sont mises en mouvement par la chute d'un poids. Le travail, effectué par le poids P, tombant d'une hauteur H, est $P \times H$. La quantité de chaleur dégagée est pt, p étant la valeur du calorimètre réduit en eau et t l'élévation de température. L'équivalent mécanique de la chaleur est donc $\dfrac{PH}{pt}$.

Y a-t-il des corrections à faire ?

Oui, il faut tenir compte des frottements des pièces de l'appareil aux axes de rotation, ce qui est une perte de force vive.

Quelle est la méthode de Hirn pour déterminer l'équivalent mécanique de la chaleur ?

Il mesure le travail T produit par une machine à vapeur pendant un certain temps. D'autre part, il mesure la quantité de vapeur qui passe dans la machine pendant ce même temps. La quantité de chaleur Q contenue dans cette vapeur, avant d'avoir agi sur le piston, se déduit de la température de la vapeur dans la chaudière ; la quantité de chaleur Q' contenue dans la même vapeur, après avoir agi sur le piston, se déduit de la température du condensateur. La quantité de chaleur Q — Q' représente donc le travail T effectué par la machine.

IV. — Machines thermiques.

De quoi se compose la machine à vapeur?

De la chaudière ou générateur de la vapeur et du moteur.

Qu'appelle-t-on surface de chauffe de la chaudière ?

La surface de la chaudière utilement chauffée par les gaz chauds du foyer.

Quels sont les moyens employés pour augmenter la surface de chauffe d'une chaudière?

Dans la chaudière à *bouilleurs*, les gaz chauds circulent successivement autour des deux bouilleurs inférieurs et de la grande chaudière supérieure ; dans la chaudière tubulaire de Séguin, les gaz du foyer passent à travers l'eau dans des tubes de fer ; dans la chaudière tubulaire récente, c'est au contraire l'eau qui circule dans les tubes de fer au milieu du foyer.

Comment active-t-on le tirage dans le foyer d'une locomotive?

En lançant la vapeur dans la cheminée, ce qui produit une aspiration d'air dans le foyer.

Comment alimente-t-on d'eau une chaudière?

Avec une pompe aspirante et foulante, actionnée par la machine à vapeur, ou mieux avec l'injecteur Giffard. Cet injecteur est une trompe, actionnée par la vapeur de la chaudière, qui aspire de l'eau et rejette le tout dans la chaudière.

Comment connaît-on le niveau de l'eau dans la chaudière?

Avec le niveau d'eau ou le sifflet d'alarme.

Comment évite-t-on un excès de pression ?

Avec la soupape de sûreté.

Comment connaît-on la pression?

Avec un manomètre métallique de Bourdon, gradué en kilogrammes.

Quelle est la cause de l'explosion des chaudières à vapeur?

L'eau bout lentement pendant la nuit et perd tout son air. Au matin, quand on ajoute de l'eau aérée, l'ébullition se fait trop rapidement et cause l'explosion. On sait, en effet, que le manque de bulles gazeuses élève beaucoup le point normal d'ébullition.

Comment évite-t-on les explosions dues à cette cause?

En aérant sans cesse l'eau de la chaudière.

Quel est l'inventeur du moteur à vapeur?

Watt, en Angleterre, à la fin du siècle dernier.

Dans une machine sans condenseur, quelles sont les pressions sur les deux faces du piston?

La pression de la vapeur dans la chaudière, d'un côté, et la pression atmosphérique, de l'autre.

Dans une machine à condenseur, quelles sont les pressions sur les deux faces du piston ?

La pression de la vapeur dans la chaudière, d'un côté, et la pression de la vapeur dans le condenseur, de l'autre. Or, l'eau du condenseur étant à 45 degrés environ, la pression n'y est plus que d'un dixième d'atmosphère.

Quels sont les avantages du condenseur?

1° Augmenter la force de la machine, puisque la différence des pressions sur le piston est plus considérable ; 2° donner de l'eau déjà chaude pour alimenter la chaudière.

Qu'est-ce que la détente ?

Au lieu de laisser pénétrer la vapeur d'un côté du piston pendant toute la durée de la course, on ne la fait pénétrer que pendant une fraction de cette course. Quand l'arrivée de la vapeur cesse, le piston continue à se mouvoir sous l'action de la vapeur qui se détend.

Quels sont les avantages de la détente ?

On économise de la vapeur, c'est-à-dire de la houille ; puis on évite les chocs du piston. Le piston arrive, en effet, à l'extrémité de sa course avec une vitesse nulle.

Quel est le but du régulateur à force centrifuge ?

Régulariser le mouvement de la machine, en régularisant l'entrée de la vapeur dans la boîte à vapeur.

Comment évite-t-on les points morts ?

Avec le volant.

Comment évite-t-on les points morts dans la locomotive ?

La locomotive porte deux moteurs, couplés de telle sorte que, l'un étant sur un point mort, l'autre ne l'est pas.

Qu'est-ce qu'une machine à gaz ou à pétrole ?

Une machine où le piston est mis en mouvement par des explosions d'un mélange d'air et de gaz d'éclairage, ou encore d'air et d'essence de pétrole.

Comment enflamme-t-on le mélange ?

Avec des étincelles électriques (système Lenoir), ou avec un bec de gaz (système Hugon, Otto, etc.).

PROBLÈMES

Un problème, en physique, se résout toujours en appliquant simplement les lois contenues dans l'énoncé.

Un problème bien compris est à moitié résolu. Il faut donc relire attentivement cinq ou six fois de suite l'énoncé, afin de se bien pénétrer des conditions du problème. Les étourdis commencent souvent à résoudre le problème avant de savoir exactement ce qu'on leur demande.

Ne pas avoir peur de se servir de données intermédiaires, qui facilitent beaucoup la mise en équation, et qui disparaissent dans l'équation finale.

Premier problème. — *Un corps tombe librement pendant un temps t. Quel est l'espace parcouru?*

Il faut appliquer les lois de la chute des corps :

$$v = gt, \qquad e = \frac{gt^2}{2}.$$

La seconde formule donne e quand on connaît t. La première est inutile.

Deuxième problème. — *Un corps tombe librement d'une hauteur e. Quelle est sa vitesse en touchant le sol ?*

Il faut appliquer les mêmes formules que plus haut. On aura v en fonction de e en éliminant t entre les deux équations.

On trouve :

$$v = \sqrt{2ge}.$$

Troisième problème. — *Un corps est lancé verticalement de bas en haut avec une vitesse initiale* v_0. *A quelle hauteur parvient-il ?*

Il faut appliquer les lois du mouvement uniformément retardé :

$$v = v_0 - gt, \qquad e = v_0 t - \frac{g t^2}{2}.$$

Quand il est arrivé au sommet de sa course, à la hauteur e au bout du temps t, sa vitesse est nulle. Donc,

$$0 = v_0 - gt, \qquad \text{d'où} \qquad t = \frac{v_0}{g}.$$

On en déduit :

$$e = v_0 \frac{v_0}{g} - \frac{g v_0^2}{2g^2}$$

ou

$$e = \frac{v_0^2}{2g}.$$

Quatrième problème. — *Quelle vitesse aura le corps en retombant sur le sol ?*

Cette fois, il faut appliquer les formules

$$v = gt, \qquad e = \frac{g t^2}{2}.$$

Ici,

$$e = \frac{v_0^2}{2g}.$$

La seconde formule donne :

$$\frac{v_0^2}{2g} = \frac{g t^2}{2},$$

d'où

$$t = \frac{v_0}{g}.$$

La première formule donne alors :

$$v = g \times \frac{v_0}{g} = v_0.$$

Le corps met le même temps pour monter et pour redescendre, et sa vitesse, en retouchant le sol, est égale à la vitesse initiale du départ.

Cinquième problème. — *Il s'écoule un temps T entre le moment où on lâche une pierre à l'orifice d'un puits et le moment où l'on entend le bruit de la chute dans l'eau. Quelle est la profondeur du puits ?*

On a :

$$T = t + t',$$

t étant la durée de la chute de la pierre et t' le temps que met le son pour remonter le puits.

La formule $e = \dfrac{gt^2}{2}$ donne :

$$t = \sqrt{\frac{2e}{g}},$$

e étant la profondeur du puits. La vitesse du son étant 340 mètres par seconde, on a :

$$t' = \frac{e}{340}.$$

Donc,

$$T = \sqrt{\frac{2e}{g}} + \frac{e}{340}.$$

e est calculé en mètres. Les deux racines de cette équation du second degré seront trouvées réelles et positives. L'une est inférieure à $T \times 340$; c'est la bonne. L'autre, supérieure à $T \times 340$, ne peut convenir, car la distance serait telle que le son mettrait un temps supérieur à T pour remonter le puits.

L'équation est en effet :

$$\frac{e^2}{340^2} - 2\left(\frac{T}{340} + \frac{1}{g}\right)e + T^2 = 0.$$

Le terme constant étant positif, les deux racines sont de mêmes signes; le coefficient de e étant négatif, les deux racines sont positives. Pour prouver que les racines sont comprises entre 0, T $\times$ 340 et $+\infty$, il suffira de remplacer successivement, dans le trinôme, e par ces trois valeurs et de constater que les signes sont alternativement de sens contraires. On rappelle que pour avoir le signe du trinôme, quand on fait $e = \infty$, il faut auparavant diviser tous les termes par e^2.

Sixième problème. — *On laisse tomber librement un corps de densité d à la surface d'un liquide de densité d' et de profondeur e (d' est inférieur à d). Quelle sera la vitesse du corps en arrivant au fond du liquide?*

Le poids du corps est Vd, V étant son volume. La poussée est Vd'. Dans le liquide, la résultante des deux forces qui sollicitent le corps est $Vd - Vd' = V(d - d')$. La masse du corps restant la même, les accélérations g et g' dans le vide et dans le liquide seront proportionnelles aux forces Vd et $V(d - d')$. Donc,

$$\frac{g}{g'} = \frac{Vd}{V(d - d')};$$

d'où

$$g' = g\,\frac{d - d'}{d} = g\left(1 - \frac{d'}{d}\right).$$

Le reste du problème est facile. On appliquera les formules

$$v = g't \quad \text{et} \quad e = \frac{1}{2}g't^2.$$

En éliminant t, on a :

$$v = \sqrt{2g'e}.$$

Septième problème. — *Dans une machine d'Atwood, l'espace parcouru pendant la première seconde de chute est e. Le poids additionnel pesant p, on demande le poids P du corps entraîné par le poids additionnel.*

On a :

$$\frac{g}{g'} = \frac{2P + p}{p},$$

g' étant l'accélération actuelle dans la machine d'Atwood.

Or

$$e = \frac{1}{2} y' t^2 = \frac{1}{2} g',$$

puisque

$$t = 1 ;$$

d'où

$$g' = 2e.$$

La première relation donne P, puisqu'on connaît g, p et g'.

Huitième problème. — *Le pendule qui bat la seconde en un lieu a pour longueur l. Quel est l'espace parcouru en ce lieu par un corps qui tombe pendant n secondes ?*

On a :

$$t = \pi \sqrt{\frac{l}{g}}.$$

Or

$$t = 1 ;$$

donc,

$$1 = \pi \sqrt{\frac{l}{g}},$$

d'où

$$g = \pi^2 l.$$

Telle est la valeur de l'accélération en ce lieu. On en déduit :

$$e = \frac{1}{2} g n^2.$$

Neuvième problème. — *Un lingot d'or et d'argent pèse P. Plongé dans un liquide de densité D, il perd un poids π. Quelle est sa composition ? On connaît les densités d et d' de l'or et de l'argent.*

Soient p le poids de l'or et p' le poids de l'argent. On a :

$$p + p' = P. \tag{1}$$

Le volume de l'or est $\frac{p}{d}$, celui de l'argent $\frac{p'}{d'}$. Le volume du lingot est donc $\frac{p}{d} + \frac{p'}{d'}$. La poussée π a donc pour valeur

$$\pi = \left(\frac{p}{d} + \frac{p'}{d'} \right) D. \tag{2}$$

On déduira p et p' des équations (1) et (2).

Dixième problème. — *Une boule de platine pèse* p *dans l'eau et* p' *dans le mercure de densité* d. *Quelle est la densité du platine ?*

Soient P le poids de la boule, V son volume et x sa densité. La poussée dans l'eau est $V \times 1$. On a donc :

$$p = P - V \times 1 = Vx - V. \tag{1}$$

La poussée dans le mercure est $V \times d$. Donc,

$$p' = P - V \times d = Vx - Vd. \tag{2}$$

En divisant les équations (1) et (2) membre à membre, on a :

$$\frac{p}{p'} = \frac{x-1}{x-d},$$

d'où l'on déduit x.

Onzième problème. — *Un cylindre de fer de longueur* l *est lesté à sa base par un cylindre de platine de même section. L'ensemble flotte dans du mercure en restant complètement immergé. Quelle est la longueur* x *du cylindre de platine ? Les densités du fer, du platine et du mercure sont* d, d' *et* d'.

Puisque le cylindre flotte, il faut écrire que son poids est égal au poids du liquide qu'il déplace. Le poids du fer est sld, s étant la section du cylindre. Le poids du platine est sxd' ; le poids du mercure déplacé est $s(l+x)d'$. On a donc :

$$sld + sxd' = s(l+x)d'$$

ou

$$ld + xd' = (l + x)d'',$$

d'où l'on déduit x.

Douzième problème. — *Un aréomètre de Baumé marque n degrés dans du lait pur, n' degrés dans un mélange d'eau et de lait, n″ degrés dans un liquide de densité connue d''. Quelle est la proportion d'eau ajoutée au lait?*

Soit V le volume de l'instrument depuis la base jusqu'à la division zéro qui correspond à l'affleurement dans l'eau pure, et soit v le volume de chaque division. Soient d la densité du lait pur, d' celle du mélange d'eau et de lait. Écrivons que les poids des liquides déplacés sont égaux. On a :

$$V \times 1 = (V - nv)d = (V - n'v)d' = (V - n''v)d',$$

ou, en divisant par V,

$$1 = \left(1 - n\frac{v}{V}\right)d = \left(1 - n'\frac{v}{V}\right)d' = \left(1 - n''\frac{v}{V}\right)d'.$$

n déduit de ces trois équations d et d' en éliminant $\frac{v}{V}$.

Ceci fait, écrivons que le poids du lait aqueux est égal à la somme des poids du lait pur et de l'eau ajoutée. Soient u et u' les volumes de lait pur et d'eau. On a :

$$u \times d + u' \times 1 = (u + u')d'$$

ou

$$\frac{u}{u'}d + 1 = \left(\frac{u}{u'} + 1\right)d',$$

d'où l'on déduit $\frac{u}{u'}$.

Treizième problème. — *Une soupape pèse P kilos et recouvre une ouverture de s centimètres carrés. De quel poids x faut-il la charger pour qu'elle s'ouvre sous une différence de pression de n atmosphères ?*

La pression de n atmosphères représente le poids d'une colonne de mercure ayant pour base s centimètres carrés et pour hauteur $n \times 760$ millimètres. Ce poids, évalué en *kilos*, est :

$$(s \times 0,01) \times 7,6 \times 13,6,$$

la densité du mercure étant 13,6. Tel est le poids que doit avoir la soupape. Le poids x dont il faudra la charger s'obtiendra donc en retranchant P du nombre précédent.

Il faut bien remarquer qu'on a évalué la surface de l'ouverture en décimètres carrés, pour que toutes les unités correspondent. C'est le décimètre carré qui correspond au kilo.

Quatorzième problème. — *Une éprouvette bien cylindrique, de longueur L, est pleine d'air à la pression atmosphérique H. On l'enfonce verticalement dans une cuve à eau à une profondeur h, c'est-à-dire que la différence entre le niveau de l'eau dans la cuve et le niveau de l'ouverture de l'éprouvette est h. Quelle est la hauteur x de l'eau qui monte dans l'éprouvette au-dessus de l'ouverture ?*

La masse d'air enfermée dans l'éprouvette restant constante, appliquons la loi de Mariotte. Quand l'éprouvette est dans l'air, le volume d'air qu'elle renferme est sL, s étant la section de l'éprouvette ; la pression est H (en mercure). Quand l'éprouvette plonge dans l'eau, le volume de l'air est $s(L - x)$. Pour évaluer la pression de cet air, remarquons qu'elle est égale à H, augmentée du poids d'une colonne d'eau de hauteur $h - x$. Cette hauteur d'eau, évaluée en mercure, est $\dfrac{h - x}{13,6}$. La pression est donc : $H + \dfrac{h - x}{13,6}$.

La loi de Mariotte donne :

$$s \times L \times H = s\,(L - x)\left(H + \frac{h - x}{13,6}\right)$$

ou

$$LH = (L - x)\left(H + \frac{h - x}{13,6}\right).$$

On trouve que les deux racines de cette équation sont réelles et positives, l'une inférieure à L et l'autre supérieure. Cette dernière ne peut convenir au problème.

Il faut bien remarquer que toutes les pressions, dans ce genre de problèmes, doivent être évaluées en colonnes d'un même liquide.

Quinzième problème. — *Une sphère de platine pèse* P. *Quel est son poids dans le mercure à* t^o ? *On connaît la densité* D *du platine, la densité* d *du mercure, les coefficients de dilatation cubique* K *et* K' *du platine et du mercure.*

Le poids apparent de la boule dans le mercure est égal au poids P diminué de la poussée. La poussée est le poids du mercure déplacé à t^o.

Le volume du platine à 0° est $\dfrac{P}{D}$, car D est la densité à 0°.

Le volume du platine à t^o est $\dfrac{P}{D}(1 + Kt)$. La densité du mercure à t^o étant $\dfrac{d}{1+K't}$, le poids du mercure déplacé est

$$\frac{P}{D}(1 + Kt) \times \frac{d}{1+K't}.$$

Seizième problème. — *L'air contenu dans un ballon de volume* v, *à la pression* h *et à la température* t, *est mis en communication avec l'air contenu dans un second ballon de volume* v', *à la pression* h' *et à la température* t'. *Le mélange des deux gaz est à la température* T. *On demande quelle est la pression du mélange. On néglige les dilatations des enveloppes des ballons.*

Cela revient à introduire successivement chacun des gaz dans le volume total $v + v'$. Soient x et y les pressions de chacun des gaz, en supposant que chacun d'eux occupe à lui seul le volume du mélange. On a :

$$\frac{vh}{1+\alpha t} = \frac{(v + v')x}{1+\alpha T};$$

$$\frac{v'h'}{1+\alpha t'} = \frac{(v + v')y}{1+\alpha T}.$$

Or, d'après la loi de Dalton, la pression finale est $x + y$. Elle est donc :

$$\mathrm{II} = x + y = \frac{vh}{1 + \alpha l} \times \frac{1 + \alpha \mathrm{T}}{v + v'} + \frac{v'h'}{1 + \alpha l'} \times \frac{1 + \alpha \mathrm{T}}{v + v'}$$

ou

$$\mathrm{II} = \frac{1 + \alpha \mathrm{T}}{v + v'} \left(\frac{vh}{1 + \alpha l} + \frac{v'h'}{1 + \alpha l'} \right).$$

Cette équation peut être mise sous la forme générale

$$\frac{vh}{1 + \alpha l} + \frac{v'h'}{1 + \alpha l'} = \frac{(v + v')\,\mathrm{II}}{1 + \alpha \mathrm{T}},$$

qui est celle de la loi du mélange des gaz, quand on suppose toutes les températures ramenées à 0°.

Dix-septième problème. — *Un thermomètre est plongé dans la vapeur d'eau à 100° jusqu'à la division n. Le reste de la tige est dans l'air et à la température de t degrés. Quelle est la température marquée par le thermomètre ? On connaît le coefficient de dilatation apparente du mercure dans le thermomètre.*

Il suffit d'écrire que la colonne de mercure atteindrait la division 100 si la tige entière était plongée dans la vapeur d'eau à 100°. Soient v le volume de chaque division et x la température marquée actuellement par le thermomètre. Le volume $v(x - n)$, à la température t, deviendrait $v(100 - n)$ à la température 100°. Or, les volumes d'une même masse étant proportionnels aux binômes de dilatation, on a :

$$\frac{v(x - n)}{v(100 - n)} = \frac{1 + kt}{1 + 100k},$$

k étant le coefficient de dilatation apparente. On en déduit :

$$x = n + (100 - n)\frac{1 + kt}{1 + 100k}.$$

Dix-huitième problème. — *Quel est le volume d'un ballon,* *dont le poids mort est P, rempli d'un gaz de densité d, quand il est en équilibre dans l'air sec, dont la pression est H et la température t ? Le ballon n'est pas complètement gonflé.*

Il faut écrire que la force ascensionnelle est nulle. On a donc : P + P′ = P″, P′ étant le poids du gaz contenu dans le ballon et P″ celui de l'air déplacé. Or

$$P' = Vd \times 0,001293 \times \frac{H}{760} \times \frac{1}{1 + \alpha t},$$

V étant le volume du ballon et en remarquant que, le ballon n'étant pas complètement gonflé, la pression intérieure du ballon est égale à la pression extérieure. On a aussi :

$$P'' = V \times 1 \times 0,001293 \times \frac{H}{760} \times \frac{1}{1 + \alpha t}.$$

Donc,

$$P + Vd \times 0,001293 \times \frac{H}{760} \times \frac{1}{1 + \alpha t} = V \times 1 \times 0,001293$$
$$\times \frac{H}{760} \times \frac{1}{1 + \alpha t}.$$

On déduit V de cette équation. Il faut bien remarquer que H doit être exprimé en millimètres et que les unités de P et de V se correspondent. Si P, par exemple, est exprimé en kilos, V sera exprimé en litres. On a supposé les coefficients de dilatation des gaz égaux.

Dix-neuvième problème. — *Un gaz occupe un volume V avec une pression H et une température t : que deviendra sa pression si la température devient t′, le volume V restant constant ?*

Il faut appliquer la loi de Mariotte dans le cas des températures variables :

$$\frac{V \times H}{1 + \alpha t} = \frac{V \times x}{1 + \alpha t}.$$

Il est donc inutile de connaître V.

Vingtième problème. — *Le volume d'un gaz saturé d'humidité est* V, *à la pression* H *et à la température* t. *Quel est le volume de ce gaz quand il est desséché à la pression* H' *et à la température* t'. *La tension maximum de la vapeur d'eau à* t *degrés est* F.

Appliquons la loi de Mariotte dans le cas des températures variables à la masse du gaz sec. Nous en avons le droit, car cette masse de gaz reste constante dans les deux phases de l'expérience. Remarquons d'ailleurs que la pression du gaz sec, dans la première phase, est H—F. On a :

$$\frac{V(H - F)}{1 + \alpha t} = \frac{x \times H'}{1 + \alpha t'},$$

x étant le volume cherché.

Vingt-unième problème. — *Résoudre le même problème quand le gaz, au lieu d'être saturé, est à l'état hygrométrique* e.

On a :

$$e = \frac{f}{F},$$

f étant la tension de la vapeur d'eau. On a donc :

$$\frac{V(H - eF)}{1 + \alpha t} = \frac{x \times H'}{1 + \alpha t'}.$$

Vingt-deuxième problème. — *On introduit dans un vase de volume* V, *et à la température* T, *une masse d'air sec qui occupe un volume* V', *à la pression* H *et à la température* t. *On y introduit aussi un poids* P *d'eau. On demande si toute l'eau s'évaporera, quel sera l'état hygrométrique du mélange et quelle sera la pression totale du mélange. La tension maximum de la vapeur d'eau à* T *degrés est* F *et la densité de la vapeur d'eau est* D.

La tension de la vapeur d'eau dans le vase étant f, le poids de la vapeur d'eau est :

$$p = V \times D \times 0{,}001293 \times \frac{f}{760} \times \frac{1}{1 + \alpha T}.$$

Supposons que toute l'eau s'évapore. On a, dans ce cas, $p = P$. Si le calcul donne pour f une valeur inférieure à F, c'est que l'eau est en effet complètement évaporée. Au contraire, si l'on trouve f supérieur à F, c'est qu'une partie seulement de l'eau est évaporée.

Dans le cas où toute l'eau est évaporée, l'état hygrométrique est $\frac{f}{F}$. Dans le cas où toute l'eau n'est pas évaporée, la pression de la vapeur est F et l'état hygrométrique est 1.

Il est facile de calculer le poids de l'eau évaporée, dans le cas où toute l'eau ne l'est pas. Il suffit de faire, dans l'équation précédente, $f = F$ et de calculer la valeur correspondante de p.

L'air sec, qui occupait primitivement le volume V' à la pression Π et à la température t, occupe maintenant dans le vase le volume V à la pression $X - f$ (si toute l'eau est évaporée), ou à la pression $X - F$ (si toute l'eau n'est pas évaporée) et à la température T. X est la pression totale de l'air sec et de la vapeur d'eau dans le ballon. On a donc :

$$\frac{V'\Pi}{1 + \alpha t} = \frac{V(X - f) \ \text{ou} \ V(X - F)}{1 + \alpha T},$$

d'où l'on déduit X.

Vingt-troisième problème. — *Un vase de poids P et de chaleur spécifique c contient un poids P' d'eau à la température T. Quel poids de glace à 0° faut-il y introduire pour que la température du mélange devienne t ?*

Tous les problèmes de calorimétrie sont très faciles. Il suffit d'écrire que la chaleur perdue est égale à la chaleur gagnée.

Le poids x de glace, en fondant sans changer de température, gagne $79,2\,x$ calories, $79,2$ étant la chaleur de fusion de la glace. En passant de 0 degré à $t°$, l'eau de fusion gagne encore tx calories. D'autre part, le calorimètre perd, en passant de T à t degrés, $P \times c \times (T - t)$ calories. L'eau perd $P'(T - t)$ calories. On a donc :

$$70,2\,x + tx = Pc\,(T - t) + P'(T - t$$

d'où l'on tire x.

Vingt-quatrième problème. — *Quel volume de vapeur à T degrés et à la pression H faut-il introduire dans un vase vide, pesant P et de poids spécifique c, pour élever sa température de t à t' degrés ? La chaleur de vaporisation de l'eau à T degrés est C et la densité de la vapeur d'eau est* d.

Soit x le poids de vapeur introduit. La vapeur, en se liquéfiant à T degrés, sans changer de température perd Cx calories. L'eau produite, en passant de T à t' degrés, perd $x\,(T - t')$ calories. Le vase de fer, en passant de t à t' degrés, a gagné $P \times c \times (t' - t)$ calories. Donc,

$$Cx + x\,(T - t') = Pc\,(t' - t),$$

d'où l'on tire x.

Le volume V de vapeur, à T degrés et à la pression H, qui pèse x, est donné par l'équation

$$x = V \times d \times 0{,}001293 \times \frac{H}{760} \times \frac{1}{1 + \alpha T},$$

d'où l'on déduit V.

— — —

Vingt-cinquième problème. — *Une corde de longueur l donne un certain son. Quelle longueur faut-il lui donner pour qu'elle rende la tierce du premier son ?*

Tous les problèmes sur les cordes se résolvent en appliquant la formule générale

$$n = \frac{1}{2rl} \sqrt{\frac{gP}{\pi d}}.$$

Soient n le nombre des vibrations données pendant une seconde par la corde de longueur l, n' le nombre des vibrations données par la corde de longueur x quånd elle donne la tierce. On a :

$$n = \frac{1}{2rl} \sqrt{\frac{g\mathrm{P}}{\pi d}},$$

$$n' = \frac{1}{2rx} \sqrt{\frac{g\mathrm{P}}{\pi d}};$$

d'où

$$\frac{n'}{n} = \frac{l}{x}.$$

Or $\dfrac{n'}{n} = \dfrac{5}{4}$, puisque c'est une tierce. Donc,

$$\frac{l}{x} = \frac{5}{4};$$

d'où

$$x = l \times \frac{4}{5}.$$

Les problèmes d'optique sont généralement des problèmes de géométrie. Il suffit d'appliquer le plus souvent les formules relatives aux miroirs sphériques, aux prismes et aux lentilles.

Vingt-sixième problème. — *On juxtapose deux lentilles convergentes de foyers* f *et* f'. *Quel est le pouvoir convergent de ce système ?*

Soit p la distance d'un point lumineux à la première lentille supposée seule, et soit p' la distance de l'image à la lentille. On a :

$$\frac{1}{p'} + \frac{1}{p} = \frac{1}{f}.$$

Plaçons maintenant la seconde lentille immédiatement contre la première. L'image précédente joue pour la seconde lentille le rôle d'un objet virtuel, situé à la distance p'.

Soit p'' la distance de l'image de cet objet virtuel à la lentille. On a :

$$\frac{1}{p''} - \frac{1}{p'} = \frac{1}{f'}.$$

Or l'image, située à la distance p'' des lentilles, est maintenant l'image de l'objet placé à la distance p, donnée par le système des deux lentilles.

En ajoutant les deux équations membre à membre, il vient :

$$\frac{1}{p} + \frac{1}{p''} = \frac{1}{f} + \frac{1}{f'} = \frac{1}{F}.$$

Le pouvoir convergent $\frac{1}{F}$ du système des deux lentilles est donc égal à la somme des pouvoirs convergents de chacune des lentilles.

Vingt-septième problème. — *Calculer la dimension de l'image de la lentille objective donnée par la lentille oculaire d'une lunette astronomique.*

Soient D la distance qui sépare l'objectif de l'oculaire, f la distance focale de l'oculaire. La distance d de l'image à l'oculaire est donnée par l'équation

$$\frac{1}{d} + \frac{1}{D} = \frac{1}{f}.$$

On a d'ailleurs :

$$\frac{O}{I} = \frac{D}{d},$$

I étant la dimension de l'image et O celle de l'objectif. On en déduit :

$$\frac{O}{I} = \frac{D}{f} - 1.$$

Or on sait que $D = F + f$ sensiblement, F étant la distance focale de l'objectif. Donc,

$$\frac{O}{I} = \frac{F}{f} = G,$$

G étant le grossissement.

Vingt-huitième problème. — *Calculer la distance véritable* D *qui sépare l'objectif de l'oculaire dans la lunette astronomique, pour un observateur qui regarde une étoile.*

L'image de l'étoile est au foyer de l'objectif, c'est-à-dire à la distance F. D'autre part, l'image objective est à une distance p de l'oculaire telle que son image se forme à la distance Δ (minimum de la vision distincte).

On a donc, en supposant l'œil confondu avec l'oculaire :

$$-\frac{1}{\Delta} + \frac{1}{p} = \frac{1}{f},$$

d'où

$$p = \frac{\Delta f}{\Delta + f}.$$

La distance cherchée D est donc :

$$D = F + p = F + \frac{\Delta f}{\Delta + f} = F + \frac{f}{1 + \dfrac{f}{\Delta}}.$$

Si l'on suppose $\Delta = \infty$, c'est-à-dire l'œil infiniment presbyte, on aura :

$$D = F + f.$$

Vingt-neuvième problème. — *Soit* D *la distance d'un objet lumineux à un écran. On cherche les deux positions qu'il faut donner à une lentille convergente pour projeter l'image de l'objet sur l'écran. Soit* a *la distance de ces deux positions successives. Calculer la distance focale de la lentille.*

Soit p la distance de l'objet à la lentille dans sa première position. La distance de l'image à la lentille est $D - p$. On a :

$$\frac{1}{D - p} + \frac{1}{p} = \frac{1}{f},$$

f étant la distance focale de la lentille.

La seconde position de la lentille est telle que

$$\frac{1}{p} + \frac{1}{D - p} = \frac{1}{f},$$

c'est-à-dire que la distance de la lentille à l'objet est $D - p$. La distance des deux positions successives de la lentille est donc :

$$(D - p) - p = D - 2p = a.$$

On en déduit :

$$p = \frac{D - a}{2}.$$

En remplaçant p par cette valeur dans la première équation, il vient :

$$\frac{1}{D - \dfrac{D - a}{2}} + \frac{1}{\dfrac{D - a}{2}} = \frac{1}{f}$$

ou

$$f = \frac{D^2 - a^2}{4D}.$$

Trentième problème. — *Deux sphères de même rayon sont électrisées positivement et placées à une distance D l'une de l'autre. Leur force répulsive est a. On les fait se toucher, puis on les éloigne l'une de l'autre à une distance D'. Leur force répulsive devient alors a'. Quelles sont les charges primitives des deux sphères?*

Soient x et y les charges primitives. On avait d'abord :

$$a = \frac{xy}{D^2}.$$

Quand on a fait toucher les boules, les charges sont devenues $\dfrac{x + y}{2}$ sur chaque boule. On a donc :

$$a' = \frac{\dfrac{(x + y)^2}{4}}{D'^2}.$$

Ces deux équations permettent de trouver x et y. Il faut remarquer que x et y sont les racines d'une équation du second degré. On connaît en effet la somme des deux racines et leur produit.

Trente-unième problème. — *Pour déposer un poids P de cuivre sur un moule, au moyen de la galvanoplastie, on a fait usage de n éléments Daniell semblables. Quel est le poids de zinc qui a été dissous dans l'ensemble des piles?*

Il s'est dissous dans chaque élément un poids x de zinc, tel que

$$\frac{x}{P} = \frac{E}{E'},$$

E étant l'équivalent du zinc et E' celui du cuivre. Le poids total de zinc dissous est donc nx.

Trente-deuxième problème. — *Un même courant passe dans un voltamètre et dans un appareil à galvanoplastie. Quel est le volume d'hydrogène, mesuré à t^{o} et à la pression H, sur une cuve à eau, qui s'est dégagé dans le voltamètre quand il s'est déposé un poids P de cuivre dans la cuve à galvanoplastie?*

Le poids x d'hydrogène dégagé dans le voltamètre est donné par la relation

$$\frac{x}{P} = \frac{1}{E},$$

E étant l'équivalent du cuivre.

Il suffit maintenant de chercher le volume V d'hydrogène qui pèse x, à la température t et à la pression $H - F$, F étant la tension maximum de la vapeur d'eau à t degrés. L'hydrogène, mesuré sur la cuve à eau, est en effet saturé de vapeur d'eau. On a :

$$x = V \times d \times 0,001293 \times \frac{H - F}{760} \times \frac{1}{1 + \alpha t},$$

d étant la densité de l'hydrogène.

On déduit V de cette équation.

Trente-troisième problème. — *Une machine dynamo donne un courant de n ampères. Quel poids x de cuivre mettra-t-elle en liberté en une heure quand son courant tra-*

versera une dissolution de sulfate de cuivre ? Équivalent du cuivre, 31,5; densité de l'hydrogène, 0,0692.

Un courant d'une intensité d'un ampère met en liberté 117 millimètres cubes d'hydrogène par seconde, le gaz étant mesuré à 0° et à la pression 760.

Le poids d'hydrogène correspondant est $117 \times 0,0692 \times 0,001293$ milligrammes. Désignons ce poids par p. Le poids p' de cuivre qui correspond à p est donné par l'équation

$$\frac{p}{p'} = \frac{1}{31,5};$$

p' est le poids de cuivre mis en liberté en une seconde par un courant ayant pour intensité un ampère. On a donc :

$$x = p' \times n \times 60^2 \text{ milligrammes.}$$

Trente-quatrième problème. — *Quel sera le volume V d'hydrogène sec, mesuré à $t°$ et à la pression H, qu'on obtiendra en attaquant un poids P de zinc par l'acide sulfurique ? Équivalent du zinc, 33 ; densité de l'hydrogène, 0,0692.*

La formule

$$Zn + SO^3, HO = H + SO^3, ZnO$$

montre que 33 grammes de zinc mettent en liberté 1 gramme d'hydrogène. P grammes de zinc mettront donc en liberté $\frac{P}{33}$ grammes d'hydrogène.

Le problème revient maintenant à trouver le volume V d'hydrogène, à $t°$ et à la pression H, qui pèse $\frac{P}{33}$ grammes.

On a :

$$\frac{P}{33} = V \times 0,0692 \times 0,001293 \times \frac{H}{760} \times \frac{1}{1 + \alpha t}.$$

V est donné en centimètres cubes, puisque $\frac{P}{33}$ est évalué en grammes.

Trente-cinquième problème. — *Quel est le poids d'oxyde de cuivre qu'on pourra réduire avec un volume V d'hydrogène sec, mesuré à 0° et à la pression H? Équivalent du cuivre, 31,5.*

Le poids de l'hydrogène est

$$P = V \times 0{,}0692 \times 0{,}001293 \times \frac{H}{760} \times \frac{1}{1+\alpha t}.$$

La formule

$$CuO + H = Cu + HO$$

indique qu'il faut 1 gramme d'hydrogène pour réduire un poids d'oxyde de cuivre égal à 31,5 + 8 ou 39,5 grammes.

Le poids d'oxyde de cuivre réduit sera donc $P \times 39{,}5$ gr., le poids P étant évalué en grammes, ce qui oblige d'évaluer V en centimètres cubes.

FIN DES PROBLÈMES.

TABLE DES MATIÈRES

Optique.

Électricité et magnétisme.

Mécanique.

3002-89. — Corbeil. Imprimerie Crété.

1059-93. — Corbeil. Imprimerie Crété.

9 782013 028974